把梦想
交给自己来实现

鸫衣/著

中国华侨出版社

图书在版编目（CIP）数据

把梦想交给自己来实现 / 鸫衣著. —北京：中国华侨出版社，2016.3

ISBN 978-7-5113-5986-5

Ⅰ.①把… Ⅱ.①鸫… Ⅲ.①成功心理—通俗读物 Ⅳ.①B848.4-49

中国版本图书馆 CIP 数据核字（2016）第 037068 号

把梦想交给自己来实现

著　　者 / 鸫　衣

策划编辑 / 邓学之

责任编辑 / 叶　子

责任校对 / 高晓华

封面设计 / 尚世视觉

经　　销 / 新华书店

开　　本 / 710 毫米 ×1000 毫米　1/16　印张 /16　字数 /178 千字

印　　刷 / 北京中印联印务有限公司

版　　次 / 2016 年 5 月第 1 版　2016 年 5 月第 1 次印刷

书　　号 / ISBN 978-7-5113-5986-5

定　　价 / 30.00 元

中国华侨出版社　北京市朝阳区静安里 26 号通成达大厦 3 层　邮编：100028

法律顾问：陈鹰律师事务所

编辑部：（010）64443056　64443979

发行部：（010）64443051　传真：（010）64439708

网　址：www.oveaschin.com

E - mail：oveaschin@sina.com

推荐序
你的梦想只能自己实现

《将来的你，一定会感谢现在拼命的自己》作者汤木

梦想是什么？是自己给自己的一个希望、一个念想。每个人都有自己的梦想。小时候，我们会编织各种各样的梦想，但各种梦想因为缺乏行动而一一消失，长大以后，我们的梦想虽然越来越少，但却出现了分化，有的人实现了梦想，有的人一辈子都没实现过自己的梦想，让自己的梦想变成了痴心妄想。

我们的梦想为什么会发生这样的变化呢？因为实现梦想是一个漫长的过程，是一个不可能不遭遇痛苦的过程，我们不可避免地有渴望天上掉馅饼的念头，有走捷径的想法。于是，我们或者将实现梦想的奢望寄托在他人身上，或者将实现不了梦想的责任归咎于"命不好"，最终失去了实现梦想的时机。

事实上，实现梦想是没有捷径可走的。在实现梦想的道路上，你别期望乘坐任何现代化交通工具，只能依靠你自己的双腿，或者一步步走下去，或者双脚蹬自行车走下去。走这条路的过程就是历练。

历练是人生成长的过程，能促使人不断地获取新知识，学会与人交往，迫使人成熟、蜕变。在历练中，我们如果有了积极的心态，认识到梦想必须由自己来实现，而不是靠他人实现，将主要精力放在提升自己能力上，而不是依赖外在条件上，那么我们就能掌握主动，一步一步走向梦想；反之，我们的梦想将会越来越偏离初衷，

最终变为一场空想。因此，我们要树立"梦想只能由自己来实现"的观念，以积极主动的心态去迎接历练。

当然，历练过程中有困难、挫折，甚至有迷惘，但这是实现梦想前的必要考验，是我们成长需要的必要养分，我们不能怕，也没必要怕。只要我们积极去对待，想办法去克服，让自己逐步变得强大起来，这些不仅阻挡不了我们实现梦想的步伐，还会成为我们前进的推动力、飞跃的弹跳力。

实现梦想的过程中最困难的就是坚持梦想。将实现梦想的阻力转化为推动力后，接下来需要做的就是坚持。每个伟大人物都有一段奋斗的时光，每个梦想都需要足够的时间支持。我们在实现自己梦想时，也需要给它足够的时间，也要持续努力奋斗，无论顺利还是遭遇挫折，都要毫不犹豫地朝着梦想走下去。

不过，没有谁可以准确地估算出这段时间的长度，唯一能支撑我们走下去的就是我们的信念。你坚持下来了，明天的你就不是今天的你了；你没有坚持下来，明天的你可能还不如今天的你。向命运妥协，永远没有让命运向我们妥协来得磅礴大气。

我们的人生价值是实现我们自己的梦想。我们不一定要成为多么伟大的人，但至少可以成为自己想成为的那个人，能让自己快乐，能让自己骄傲，能让自己幸福，能让自己觉得没有枉来人世这一遭。因此，我们必须扛起自己梦想的大旗，通过自己的努力奋斗来实现自己的梦想，实现自己的人生价值。

认识到了这一点，任何理由都不会成为你不为理想努力奋斗的借口，只有努力奋斗才能让你变得更有价值。因此，我作序推荐此书！

2015 年于北京

目录
Contents

第三章 行动，唯有行动者才能实现梦想

第四章 你的努力，都是为了实现梦想

第七章　用一生的行动来实现一个梦想

第一章
人生有梦想就不会过得迷茫

人类因梦想而伟大，人生因拼搏而精彩。梦想引领人生，拼搏创造传奇！梦想是对未来的一种期望，梦想是一个人努力奋斗的方向所在。人生有了梦想，就知道自己该朝着哪个方向努力，就不会过得迷惘。

1. 没有梦想的人，他的人生就没有方向

没有梦想，就没有方向。人生怎么可以没有方向呢？我们必须确定梦想，然后迎着梦想劈风斩浪，勇往直前。

这个世界上，没有谁是谁的影子，没有谁可以重复谁的路。想要有所成就，就得依靠自己。

就像卑微至极的小蚂蚁，身负比自身要重几倍几十倍的米粒，无怨无悔。支撑它如此去做的动力是什么？就是一定要把这粒米运回蚂蚁洞。

这就是它的信念，它的梦想。

自己想过什么样的生活，自己能过什么样的生活，完全取决于自己的信念。信念来自于什么，那就是梦想。

梦想，是赋予人活力的东西。就像阳光之于万物，露水之于花草一般。以为可有可无的东西，但是当真失去后，就会发现生活变得不一样了。人变得慵懒了，激情褪去了。每天醒来，不会考虑太多的事情，人就像上了发条的机器，循规蹈矩地走着。

麻木，有的时候比死亡更为可怕。不是一刀见血，而是慢性毒药，摧毁的不仅仅是身体，还有精神意志。

所以，有了梦想，人才会有活力；有了活力，人才会有蓬勃的

生机。我们不要寄希望于命运，好运只会光顾那些有想法的人。

有这么一个故事。

法国一位年轻人很穷、很苦。后来，他以推销装饰肖像画起家，在不到 10 年的时间里，迅速跻身于法国 50 大富翁之列，成为一位年轻的媒体大亨。不幸，他因患上前列腺癌，于 1998 年去世。他去世后，法国的一份报纸刊登了他的一份遗嘱。在这份遗嘱里，他说："我曾经是一个穷人，在以一个富人的身份跨入天堂的门槛之前，我把自己成为富人的秘诀留下，谁若能通过回答'穷人最缺少的是什么'而猜中我成为富人的秘诀，他将能得到我的祝贺，我留在银行私人保险箱内的 100 万法郎，将作为睿智地揭开贫穷之谜的人的奖金，也是我在天堂给予他的欢呼与掌声。"

遗嘱刊出之后，有 18461 个人寄来了自己的答案。这些答案，五花八门。绝大部分的人认为，穷人最缺少的当然是金钱了，有了钱就不会再是穷人了。另有一部分人认为，穷人之所以穷，最缺少的是机会，穷人之穷是穷在背时上面。又有一部分人认为，穷人最缺少的是技能，一无所长所以才穷，有一技之长才能迅速致富。还有的人说，穷人最缺少的是帮助和关爱，是漂亮，是名牌衣服，是总统的职位，等等。

在这位富翁逝世周年纪念日，他的律师和代理人在公证部门的监督下，打开了银行内的私人保险箱，公开了他致富的秘诀，他认为：穷人最缺少的是成为富人的野心。在所有答案中，有一位年仅 9 岁的女孩猜对了。为什么只有这位 9 岁的女孩想到穷人最缺少的是"野心"？在接受 100 万法郎的颁奖之日，她说："每次，我姐姐把她的男朋友带回家时，总是警告我说，不要有野心！不要有野心！于是我想，也许野心可以让人得到自己想得到的东西"。

谜底公布之后，震惊了法国。一些新贵、富翁在就此话题谈论时，均毫不掩饰地承认："野心"是永恒的"治穷"特效药，是所有奇迹的萌发点，穷人之所以穷，大多是因为他们有一种无可救药的弱点，也就是缺乏致富的野心。

梦想、理想、野心，不管名称怎么改变，其本质万变不离其宗。说白了，都是来自心灵的一种执念。其中的差异无非是程度问题，"我想要什么"，或是"我必须要得到什么"。

这是心灵的一种释放，不是任何一个外人可以随意参与进来的。

一个胖子的梦想可能就是变瘦，一个负债累累的人的梦想可能就是还清债务，一个权高位重者的梦想可能就是流芳百世……

但是，这只是我们认为的。胖子可能不重视自己的外貌，他更在乎的是他的事业；负债累累的人可能不重视他的债务，他更在乎的是他的爱情；权高位重者可能不在乎流芳百世，他更在乎享受天伦之乐……

所以，我们的梦想也不是别人可以参与进来的。

这是一条寂寞的路，需要我们自己坚持下去。当你确定了梦想，那就是我们人生的方向，就得义无反顾地往那个方向努力。

我听过这样一个故事。

一名男子给小朋友们讲了这样一个故事：从前有个小男孩儿，他的父亲是个收入微薄的驯马师，只能勉强维持全家的生计和送儿子去上学。有一天，老师在课堂上要求学生们把自己的理想写下来。

晚上，小男孩儿写了一篇长达7页的作文，详细地描述了自己的理想，还画了一幅画来表现自己的整个计划：有庄园，有牲畜，

把梦想交给自己来实现

有土地，还有他想住什么样的房子……总之，他全身心地投入到对未来的憧憬中。

第二天，他将作文交给了老师。老师却将作文评为不及格，并留了一句话："放学后，来找我。"

小男孩儿去找老师，问他："为什么给我不及格?"老师说："对于一个像你这样的孩子来说，这是一个不切实际的梦想。要想得到你想要的，需要很多条件，更需要很多钱。你无论如何也做不到。如果你回去写一个更实际一些的目标，我会重新给你打分。"

小男孩儿回家后想了很久，他问父亲该怎么办。父亲回答说："儿子，这要你自己做决定。"在认真考虑了一星期之后，小男孩儿将原来的作文原封不动地交了上去。他对老师说："您可以给我不及格，但我要保留我的梦想。"

故事讲完后，男子对小朋友们说："这个故事里的小男孩儿就是我。现在我们就住在我梦想中的庄园和房子里。当年的作文我仍然保留着。"

故事中的小男孩在老师的质疑中，仍然坚持自己的人生的梦想。并且一直以这个梦想为人生的方向，一直往这个方向努力，最终取得了成功。

人生是一个大舞台，是充当背景的路人甲，还是深思熟虑后的某个角色，要靠自己把握。梦想是慎重的事，静下心认真地想一想。没有梦想，就没有方向。人生怎么可以没有方向呢? 我们必须确定梦想，然后迎着梦想劈风斩浪，勇往直前。

2. 井底之蛙，是永远看不到辽阔大海的

井底之蛙，是永远看不到辽阔大海的。趁着年轻，我们能跳出去真真实实地品味生活，才不枉自己青春的好年华。

人生就像一个永远不会有终点的旅途，只要你愿意沿着这旅途，不停地走下去、看下去，你就会发现，每天入眼的都是不一样的风景。除非生命终止，否则永远都不会有结束的那一天。

但是，并不是所有的人都有这样的觉悟与认知。有一天，当他们到了一个或鸟语花香或高楼耸立的地方。他们或喜欢这个地方，或厌倦奔波匆忙的生活，他们的脚步就会不由自主地停了下来。开始日复一日地在同一个地方徘徊，天天看着相同的风景，天天接触着相同的人和事，慢慢地就和这样的氛围融为一体，等到再有人款款而来，对他们熟识的一切表示惊叹的时候，他们就会嗤之以鼻。

"这有什么神奇的？真是少见多怪。"几番被这样的心思鼓动，心就会沸腾得厉害："瞧，我比他们都见识得多，我比他们都懂得多。"他们往往忽视了，那些人也有过他们的旅途，他们看过的风景可能是你从没有想象过的。

一个人的学识和经历都是有限的，就像一个没有底的地道，只要你愿意深入其中，越走就越会明白，没有谁可以理直气壮地说：

"我是最厉害的，我是最能干的，我是最聪明的。"

说这种话的人不是真的博学、聪明，恰恰是无知无畏。

我听过这么一个故事。

马丁·强生曾深入非洲内地拍摄了数千张狮子的照片，据他自己说，他最后一次前往非洲，在那儿滞留了 20 个月之久，在那期间他所目睹的狮子数量，是前所未见的，但始终没有发射过一颗子弹。事实上，他身上根本没有带枪。

到非洲探险的人，大多会洋洋得意地述说曾经历过多么惊险的场面，但根据马丁·强生的说法，只要充分了解非洲的猛兽，即使只有一根竹制的拐杖当武器，也能平安无事地从开罗走到开普敦。

马丁·强生开始到世界各地旅行是在 14 岁的时候。他的父亲是堪萨斯州珠宝商人，他自幼就帮着父亲拆解来自遥远世界各地的货品，对于货签上所写的诸如巴黎、热内亚、巴塞罗那、布达佩斯等富于异国风情的地名，他深感好奇，也深深地被迷住了。有一天，他终于离家横越美国大陆，搭上前往欧洲的货船，到达欧洲之后便开始找工作，凡是能胜任的工作他都做，但并不一定顺利能找到工作，他曾在布鲁塞尔因三餐不继而束手无策，也曾因到处碰壁而呆坐在法国西北部的布勒斯特港，远眺大西洋的彼岸。在这种绝望的情况下，乡愁顿时涌上心头，于是在伦敦一个货箱中度过一夜之后，他偷偷地溜进开往纽约轮船上的救生艇中。在走投无路的窘况下，他只好回自己的故乡堪萨斯州了。

就在船上，一件偶然的事改变了他的一生，使他立志要做更宏伟的冒险。航行途中，船上的航海技师给他一本杂志，让他打发时间，他在杂志上看到一篇有关"野性的呼唤"的报道，提到杰克·伦敦计划搭乘长 30 尺的"史那号"船，航行世界一周。

强生回到故乡后，立刻写一封长达 8 页的信给杰克·伦敦，信中有一段是这么写的："我曾有远赴国外的经验，出发时口袋中只有 3 块 5 毛钱，而我回国时，口袋中仍有 2 块 5 毛钱。"信寄出之后，他就焦急地等着回信。3 个星期之后，回信终于来了，那是一封措辞简单的电报，电报上写着："会不会烹饪?"虽然只有这么几个字，却从此改变马丁·强生的一生。

事实上，强生对烹饪根本一窍不通，但他仍以电报回答："试用看看就知道了。"发出这封电报之后，他就到镇上的餐厅担任厨师工作。

"史那克"号终于从旧金山湾出发开往太平洋，马丁·强生当然也以主厨兼洗瓶工的身份成为船员之一。他以初学乍练的烹饪技术，为史那克号成员准备各种各样的食物，例如烤面包、蛋卷、汤、肉汁等。在开航之前，他购足了各种粮食，不论是盐、胡椒或其他食品，数量之多足以供应全船使用 20 年。

航行中，马丁·强生尽可能地学习各种航海技术，当他自认已能胜任时，就准备一展身手;有一天，他将测得的轮船位置画于航海图上，当时船是以顺风方向朝着太平洋中央的火奴鲁鲁开去，但根据他的测定结果，船是在大西洋的中央。

虽然惨遭失败，但他完全不在意，因为他终于参加自少年时代就憧憬不已的冒险旅行了。不论遭遇什么事，他的热情丝毫不曾减退半分，旅途中，他曾遭逢饮水断绝两周之久，在酷热的大太阳下，船上的人员几乎都已撑不住了，强烈的阳光把充填于船板缝的沥青都晒成如糖浆一般，汩汩地自缝中溢出。

自此之后的 30 年间，真可说是既忙碌又富变化的 30 年。马丁·强生的足迹也从南洋的珊瑚岛到非洲内陆的密林，越过 7 大洋遍及世界各地。他进入黑暗的非洲内陆时，曾拍摄有关食人族的影片，他是第一个做此纪录的美国人。

马丁·强生的故事告诉我们一个道理，一个人安于现状，是不会有任何突破的。默默无闻地老去，还是充满激情地行走在路上？只在于你的一念之间。

没准备好，会不会失败都不是问题。问题是你准备上路了吗？你有足够的勇气上路吗？

我们都知道井底之蛙的故事，闭上眼睛我们也能想象那只蜷缩在井底，只能看到一小片天空的青蛙。它是自负的、骄傲的，恰恰也是最可悲的。

我们的人生需要我们自己把握，享受一井之地的安宁，还是趁着年轻，去辽阔浩瀚的大海好好地搏击一番，这需要你自己确定。

但是我想说，一口井的存在与大海比起来算得了什么？你的人生当真卑微到只能蜷缩在一口井中？当你抬头望天，注视一井天空的时候，你能想象碧海蓝天的浩瀚吗？

井底之蛙，是永远看不到辽阔大海的。趁着年轻，我们能跳出去真真实实地品味生活，才不枉自己青春的好年华。

3. 你心中有了方向，才不会一路跌跌撞撞

人生旅途的走向，是由我们自己决定的，迎着一个方向，择高而上，还是像玻璃瓶里的苍蝇，没头没脑地想冲出去，却避免不了四处碰壁的苦恼？这些，都是需要我们自己考虑的。

人从呱呱坠地开始，就有了人生的第一个目标，学说话、学走路。虽然这个目标是外界强加于你的，但是在外界的引导和暗示下，你还是会顺着这个目标努力，顺利地完成这个任务。

不知道大家想过没有，如果没有外界的引导，你出生后，你的世界是安静的，没有人和你说话，没有谁在你面前引路。那么，你还能学会说话、走路吗？

答案是不能。当你排斥将讲话和走路作为目标的时候，你给大脑的信息就是：这不是你必须要做的事，这不是你应该做的事。

所以，目标是很重要的。这个目标，在我们人生伊始的时候，还有人引导，告诉我们应该往这边走，不能往那边走；应该这样走，不能那样走。但是，没有人能引导我们一辈子，我们的人生必须靠自己走下去。确定如何走下去之前，更重要的是确定自己的方向。

想出国，就得熟悉英语；想考古，就得了解历史；想观察天文，就得配备天文望远镜……渴望结果才知道完善条件，如果你连自己

的方向都不知道，那么你能为你的人生准备什么？

在美国威斯康星大学有这样一条规定：教授年满70岁便要被强迫退休。理由是70高龄已没有精力和体力做研究或教学工作。1943年，该校的植物学教授德格博士正好70岁，虽然他热爱自己的事业，却不得不对他所留恋的一切说再见。德格心中一直深藏着一个梦想，那就是研制出一种特效药，拯救那些被病魔所折磨的人，如今虽然退休了，他却不想让梦想也退休。

不久后，在几个学生的引荐下，德格受聘于雷德里化验所的制药厂，作为顾问并担任独立研究工作。那时人们都认为，减轻及治疗多数传染病的灵药藏匿于泥土之中。化验室中有6000个小抽屉，每个抽屉中都盛装着来自世界各地的泥土样品，德格将一撮撮泥土样品放在细颈实验瓶里交互配合，在精心培育下使之长霉，然后再做无数次的试验，从长出的霉中分离出对病毒有作用的物质。

6000份泥土样品至少要做3600万次交互配合，德格每天都重复着这种单调的工作，两年过去了，他一无所获。可他仍然不放弃希望，因为心中的梦想仍在召唤他，他相信上帝不会辜负梦想，只要尽力，一定会有结果。73岁的他已白发苍苍，有一天，他看见一个实验瓶里生长出一种金色的霉，仿佛闪烁着希望之光。通过多次实验，他终于从中分离出一种抗生素，它可以控制50余种严重病症，这就是著名的金霉素。此后不久，德格又分离出了另一种广谱抗生素——四环素，给世界医学界带来了一次巨大的革命。

德格活到84岁，他救活的人比世界上其他所有的医生加起来还要多。如果心中有梦，就放开一切顾虑去追吧，只要你勤劳的双腿在不停地迈动，总有一天你会抵达梦想的彼岸！

德格执着于他的梦想，他知道自己要做什么，所以即便退休也不曾放弃。也正因为他的方向感明确，他才在有生之年，创造了自己的人生价值。

我们不能苛刻地要求自己一定要取得多么伟大、多么惊天动地的成绩。但是，有一点是必需的——你必须知道自己想要做什么。如果你都不知道自己想做什么，那么你如何确定你的目标，如何在人生路上行走？

人生必须有规划，而你设定的方向就是人生路上的方向标。它会在每一个分叉路口，提醒你，你的目的地是哪里，你应该往哪里去，不要因为一时的兴起而走错了道。

心中有了方向，就减少了行走过程中的跌跌撞撞。

但是，制定一个方向，当真那么简单吗？

有这么一个故事：

20世纪30年代末，一个刚从纽约大学毕业的奥地利小伙子来到了一家生产电动机的工厂里上班。

这家工厂的老板是一个非常有干劲的中年人，他为工厂设立了一个新目标：成为全纽约州最顶尖的企业！为了使所有的员工都能和自己一样拥有这样的目标，老板不断地在企业大会上向员工们宣传这个口号。

有一次，老板再次把所有的员工集中在一起开会，让所有的员工都跟着自己振臂高呼："把工厂打造成全纽约州最顶尖的企业！"那斗志昂扬的场面让老板欣慰不已。然而刚一散会，那个刚刚进入工厂不久的奥地利小伙子就来到了老板面前说："我敢保证在接下来的工作中，员工们依旧不会有什么改变。与其让员工们共同扛着一个大目标，不如把这个大目标'切碎'，分摊给每一个员工。"

"让所有人都拥有一个共同的大目标难道不是一件好事吗？难道你没有看到刚才的场景吗？那是多么激动人心！"老板说。

"那么在接下来的日子里，您不妨多注意一下工厂的生产和经营状况，看看有没有什么变化。"小伙子说。

这句话给了老板某种提示。在接下来的一个礼拜内，老板每天都关注着工人们的生产报告。他终于发现了一个问题：无论工人们在会上的呼声有多高，无论那场面是多么鼓舞人心，但生产量和销售额都依旧在原地踏步。

这样下去，别说要把工厂打造成全纽约州最顶尖的企业，就连生存都成问题！老板困惑了。这时，他想起了那个小伙子说的话，于是找来小伙子，让他说一说自己的看法。

"企业是需要一个大目标，但这其实仅仅是企业的目标，而不是员工的目标！企业的大目标对于员工们来说距离太远，员工们更关心自己身边的事物。所以，与其让员工们拥有一个共同的大目标，还不如把这个目标切碎，分摊给每一个人，让每一个人都在实际的工作中不断设定小目标。这样，每一个员工在为各自的小目标努力的同时，也就推动了企业实现大目标的脚步。"小伙子不紧不慢地说。

老板若有所思。从那以后，老板就坚持从工作细处入手，让员工们各自设定出自己的目标，并且承担起各自的责任。例如一名铜线缠绕工，他的目标不再是"把工厂打造成全纽约州最顶尖的企业"，而是在目前的基础上每天多绕10只铜线圈；一名成品整装工，他的目标是每天多装5件成品；一名推销员，他的目标是每天坚持多见5位客户……

在这种让员工们拥有各自小目标的管理下，工厂取得了极快的发展，不仅在两年之后就成了全纽约州最顶尖的企业，甚至成了全美国一流的企业。

这个小伙子就是后来被誉为"现代管理学之父""大师中的大师"的彼得·德鲁克。而他那以"把大目标切碎分给每个人"为纲领的目标管理法则，更是他最具代表性的管理理论之一！

和企业的管理一样，我们也要懂得设置自己的目标。不是目标越远大、难度系数越高，就越有动力。就像画饼充饥，一开始可能还有点效果，但渐渐地就失去魅力了。毕竟肚子饿是真的，画的饼再美好，也终究是假的。

所以，制定方向不是要给自己设一个一步登天的天梯，而是脚踏实地，根据自己的现状，切成一段一段，分阶段、分目标地来实施。每一段距离看着都不是太远，跟随着这些方向一步步走下去，有一天就会发现，原来我们离自己的大目标这么近了。

把大目标切割成一个个小目标，这样方向也有了，每完成一步，动力也来了。就会沿着这个方向，一心一意地走下去。

人生旅途的走向，是由我们自己决定的，迎着一个方向，择高而上，还是像玻璃瓶里的苍蝇，没头没脑地想冲出去，却避免不了四处碰壁的苦恼？这些，都是需要我们自己考虑的。

想减少跌跌撞撞，就得给自己制定目标，确认方向。然后把目标切成小段，不要急，只要沿着认定的方向走下去，成功会到来的。

4. 你知道自己要去哪里，世界都将为你让路

目标是一个人奋起努力的前提，你要知道自己去哪里。只有知道自己想去哪里，才能规划行走的路线，才能有目标地投入、努力，才能在遇到问题的时候，不退缩，不放弃。

去一个陌生的城市，观光一个陌生的地方，我们最担心、最害怕的就是迷路。迷路了，就会担忧，会不会距离我们的目的地越来越远？

好在现在交通、通讯比较发达，惶恐不安的时候可以打的，可以用百度地图，只要有地址，就能去我们想去的地方。

但是，如果我们连自己想去什么地方都忘记了，那么再好的通讯，再便利的交流也不能把你送到你该去的地方。这个时候，不仅仅只是迷路这么简单了，可能连带把自己都迷失了。

不要觉得我这是危言耸听，其实，认真想想，我们的人生不就是这样的吗？

刚走出校门的时候，每个人一开始都会有或大或小的理想。但是几经挫折、打击后，自己也就迷茫了。不知道自己的出路在哪里，要往哪里去，应该怎么做才能摆脱目前的困境。就像在一个陌生的地方忘记了目的地一样，何去何从，茫然不知所措。

如果你都不知道自己要去哪里，那么别人就更不知道你想去哪里，当然也就无法给你指路了。

所以，不管处在什么样的境地，我们都不要忘了给自己织梦。

怀抱梦想，让人拥有希望的同时，就能拥有梦想的指引，它像黑夜里的照明灯，可以安抚烦躁不安的心情，摆脱惊慌，带着你勇往直前地冲。

给大家讲一个故事。

1983 年的一天，在美国亚利桑那州图森市的一家医院里，一个女婴呱呱坠地。令她的父母异常惊愕的是，女婴居然一出生就没有双臂，连见多识广的医生也无法解释这个奇怪的现象。

在父母的呵护与爱下，女婴一天天长大，长成了一个可爱的小女孩。

一天，站在阳台上的女孩看到与自己同龄的一群孩子正张开天使般的臂膀，在阳光下欢快地奔跑着追逐翩翩起舞的蝴蝶，女孩十分伤心地向母亲哭诉命运的不公，埋怨上帝竟然不肯赠给她拥抱世界的双臂。

母亲平静地安慰她："孩子，上帝的确有些偏心，但上帝是要送给你更多的梦想，要让你用行动去告诉人们——即使没有翅膀，也可以高高地飞翔；没有修长的十指，也可以弹奏出美妙的琴声，写出漂亮的文章……"

"我真的能做到那些吗？"女孩仰起头来。

"只要你肯努力，就能做得到，只要你梦想的翅膀没有被折断，你就一定能飞得很高很高。"慈爱的母亲温柔的目光里充满了不容置疑的坚定。

女孩相信了母亲的话，目光凝视着自己那双看似普通的脚，心中暗暗地告诉自己："我有一双非凡的脚，不只是用来奔跑的，还是用来飞翔的。"

此后，在父母的指导、帮助下，女孩开始有计划地锻炼自己双脚的柔韧性、灵活度和力量。怀揣梦想的她克服了人们难以想象的困难，经历了谁都无法数得清的失败。终于，在人们的惊讶声中，她练出了一双异常自由、灵活的脚——她不仅可以用双脚吃饭、穿衣，做到生活自理，还学会了用脚弹琴、写字、操作电脑……她用双脚做到了常人用手所能做到的一切。

女孩开始在人们面前自豪地展示自己非同寻常的"脚功"，那些起初还充满异样的眼神里，渐渐充满了惊讶和钦佩。在她 14 岁那年，女孩彻底扔掉了那副装饰性的假肢，一脸阳光地穿着无袖上衣，走进校园、商场、街区，仿佛自己根本就不缺少什么，除了常人那样的一双臂膀。

女孩在继续创造奇迹，她学习刻苦，从小学到中学，她的学习成绩始终名列前茅，老师和同学们都十分钦佩她的坚毅和自强。当她拿到心理学专业的学士学位证书时，他们一家人幸福地拥抱在了一起。父亲自豪地鼓励她："孩子，你还可以做得更棒！"

"是的，我还可以做得更棒！"女孩自信地笑着。

为了增强腿部肌肉的力量，保持腿部的灵活性与韧性，女孩不仅坚持跑步，还成为碧波荡漾的泳池里自由穿梭的美人鱼、一家跆拳道馆里小有名气的高手……一位医生曾指着给她拍的 X 光片，惊奇地喟叹："经过锻炼，她的双脚已变得异常敏捷，脚趾关节像手指关节一样灵活自如。"

女孩的梦想还在不停地放飞着，她又走进了汽车驾驶学校。在教练员惊讶的关注中，她很快便掌握了驾车的各项技术，通过了近乎苛刻的各项考试，顺利地拿到了驾照，开始用双脚娴熟地驾车御风而行……

接下来，女孩要去圆自己心中埋藏已久的梦想了——她要亲自驾驶飞机，拥抱苍穹。

曾经培养出许多飞行员的著名教练特拉威克一看到这个亲自驾车来报名的女孩，就知道她一定能飞上蓝天，就像一只矫健的雄鹰那样，不仅仅因为她那娴熟的驾车技术，还因为她目光中流露出的从容、淡定与果敢。

果然，女孩在学习驾驶飞机的时候，丝毫不逊色于那些身体健全的飞行员，她一只脚操纵着控制板，另一只脚操纵着驾驶杆，滑行、拉起、升空……她冷静沉着，每一个动作都十分准确到位，表现比不少学员都出色。教练特拉威克后来回忆说："事实证明，她是一位优秀的飞行员，她驾驶飞机时非常冷静、镇定。一旦你和她在一起待上20分钟，你甚至就会忘掉她没有双臂的事实。她向人们展示，人们可以克服所有的限制，她真是太令人难以置信了。"

25岁的女孩如愿地拿到了轻型运动飞机的驾照，成为美国历史上第一个只用双脚驾驶飞机的合法飞行员，开创了飞行史上的先河。

如今，她已是美国家喻户晓的英雄，她靠双脚生活和奋斗的感人故事，给世人带来了巨大的心灵震撼和精神鼓舞，她说得最多的一句话是："你的梦想有多高，你就可以飞多高。"

先天残疾，自己的人生还没有开始，就带上了巨大的瑕疵，就像破壳而出的鸟儿，还没学会飞翔，就斩断了翅膀。

世界上最大的悲哀莫过于此。

这样的孩子在旁人的眼里，无疑是被上帝抛弃了的。她的人生只能在浑浑噩噩、唯唯诺诺中度过，像一抹风，吹来了，吹走了，就没了。但是，就是这样一个孩子，她在母亲的鼓励下，她勇敢地站了起来，飞了起来……支撑她飞起来的动力是什么呢？不是其他的，是她一个一个的梦想。

她的梦想，在别人眼里都是阻力巨大，不太可能实现的。但是她就是用自己的行动、用事实向世人证明，这个世界没有什么不可能，只要自己知道要去哪里，只要你愿意为了这个理想努力，你就能到哪里。套一句很有名的话就是：目标有多高，成就有多大。

目标是一个人奋起努力的前提，你要知道自己去哪里。只有知道自己想去哪里，才能规划行走的路线，才能有目标地投入、努力，才能在遇到问题的时候，不退缩，不放弃。像一盆花，它的存在是为了开放，那么就没有借口和理由在开放前自暴自弃。虽然成长的过程很漫长，虽然中途可能会经历狂风暴雨、虫害侵袭，但是始终它相信坚强的信念，最终会让困难知难而退。

这个世界上没有天生的强者，有的只是自强不息的信念。知道自己要去哪里，世界都会为你让路。

5. 人生有梦想，你才可能更坚强

任何时候，我们都不要小看了梦想的力量，虽然追逐梦想的过程很艰辛，但有梦想指引，我们就有坚强陪伴。只要对梦想有强烈的执念，再艰难，我们也一定会挺过来。要相信，梦想不仅仅给了我们希望，还给了我们坚强。

一个人的坚强并不是与生俱来的。就像花朵一样，在温室中笑吟吟地长大，就不能体会室外的狂风暴雨、烈日炎炎。

但是长大是个过程，没有谁可以在父母的庇护下躲一辈子，不去体验人生所具备的各种滋味。挫折是避免不了的，困难是一直存在的。如何从一个个看似非常艰难的山峰上攀爬过去，而不被它们打垮，这不是单纯地说勇敢就能勇敢的事。必须有足够的信念支持着我们走过去。

这个时候，我们就不得不提及梦想。挑战困难毕竟不是搭积木之类的小游戏，愿意挑战肯定有你挑战的理由。单纯的好胜心是无法将你不断地从一个困难推到另一个困难，如果没有目的何必像实验室里的小白鼠不停地在玻璃器皿上攀爬呢？能让我们这么做的唯一动力就是自己的梦想。

我想达成一个什么心愿，我就必须做什么事情。

有梦想的人生，才能更坚强！

一个女孩，1976年出生于美国宾夕法尼亚州的艾伦敦市。父亲是从爱尔兰移民来的泥瓦匠，母亲是一个售货员。她出生时小腿就没有长腓骨，因而完全丧失了行走的功能。1岁生日那天，她被截掉了膝盖以下的小腿。女孩刚懂事时，母亲就对她说："孩子，你生来就是为了历经不平凡之事的。悲伤没有用，你要把眼泪变成钻石。"

女孩记住了母亲的话，一扫悲悲切切的阴霾，变得活泼开朗起来，充满了挑战和冒险精神。

然而，那时当地的诸多工厂纷纷倒闭，一场"美国梦"被残酷的现实击得粉碎。父母不能为她提供良好的教育环境，更别提时时保护她不受外界侵害了。但是，父母却没有丝毫娇惯她，而是教育她和其他孩子一样去上学。随着身体的发育，她的残肢必须进行相应的修整，为此，她总共接受了5次矫正手术。因为她长着棕色的头发，因为她跑得慢，因为人们爱拿异样的眼光看待她，所以，孩子们总拿她取笑。为了释放精神上的压力和烦恼，她常常泡一个热水澡，然后和两个小弟弟踢球或是去骑车。为了增强体力，她每周日起床后都要做104组"醒神操"。

上大学时她付不起学费，她听说国防部在乔治敦大学开设了一项国际关系奖学金后，果断地报了名，结果成绩优异的她如愿以偿地拿到了奖学金。而且，她还有幸结识了一名优秀的田径老师。那位老师对她说的第一句话就是："嗬，强壮的小姑娘！"这给了她巨大的鼓舞，使她眼前一片光明。老师教她练跑步和跳远。

有一次她参加学校的田径赛100米跑，跑到一半，她的义肢突然掉了，她重重地摔倒了。所有的人都惊诧不已地望着她，她看了看老师，老师纹丝不动，只是挥了挥手，叫她装上义肢再跑。后来，老师对她说："人生也如赛场，停顿只有失败。"从此以后，女孩更加顽强，不屈不挠。

后来，她第一次参加全国残疾人田径赛就打破了100米跑国家纪录，这也点燃了她征战亚特兰大残奥会的渴望。果然，1996年，20岁的她，用碳纤维特制的义肢刷新了两项世界纪录：女子100米跑和跳远。她每跑一步都要花费正常人4倍的力气，她一下子成了美国人的骄傲和楷模，也激励了成千上万美国人的梦想。她受邀出席各种重大场合，为女子体育基金奔走呼号，登上各类杂志封面。

1999年，英国服装设计大师亚历山大·麦坤邀请她为服装模特。T台上，她那高高的木质义肢像双靴子一样，她显得那样从容不迫，仪态万方，婀娜多姿，令人赞叹不已。走秀后，很多人到后台向她祝贺。

如今，她已是名扬世界的残疾模特，她叫艾米·穆林斯。

现在，艾米又荣登全球知名化妆品牌欧莱雅形象大使的宝座。

有人说，艾米是一出戏、一个传奇。艾米说："真正的残疾是被击败的灵魂。只要灵魂不败，就有成功的希望，就能把眼泪变成钻石，活出光辉灿烂的自己。"

艾米从出生开始就逊了别人一筹，但是这并没有把她吓倒。这得感谢她的妈妈，从小就给她灌输了一个信念："孩子，你生来就是为了历经不平凡之事的。悲伤没有用，你要把眼泪变成钻石。"

她要她坚强，但是坚强是那么容易的事儿吗？所以妈妈给她种植了一个梦想：生来就是为了经历不平凡的事。

经历不平凡事就得成为不平凡的人，所以艾米积极向上，不被嘲讽击垮，以她最大的极限做最优秀的自己。跑步，跳远……

从残疾人到奥运会冠军，再到模特到欧莱雅形象大使，艾米·穆林斯被光环包围着，她成功了！但是如果没有妈妈最初给她种植的梦想，她能如此坚强地面对各种挑战吗？

任何时候，我们都不要小看了梦想的力量，虽然追逐梦想的过程很艰辛，但有梦想指引，我们就有坚强陪伴。只要对梦想有强烈的执念，再艰难，我们也一定会挺过来。要相信，梦想不仅仅给了我们希望，还给了我们坚强。

6. 人生远离迷茫，你得确立自己的梦想

一个人的梦想并不一定是开豪车、住大别墅。那只是自己灵魂盛开的花。不是为了炫耀，只是为了让自己心生喜悦，在自己一生中有所牵绊，有念想，有渴望。实现的时候会满足，会快乐。这样的满足、这样的快乐，是人生赋予我们的动力，我们没有理由去拒绝，也没有理由放弃尝试。

有些人对"梦想"这个词是很不屑的，他们自有自己的理由，觉得身为学生时，把学习学好；工作时，把工作做好；为人妻、为人夫时，把角色扮演好。至于上什么大学，做什么工作，和什么样的人一起生活……顺其自然，等上苍的安排好了。反正，饭肯定有的吃，至于饭菜的质量，那个就无须比较了。

有人说这是随性，但认真想想，这真的是随性，而不是迷茫吗？一个人不知道自己即将从事什么类型的工作，会在什么领域有所飞跃。也不知道自己即将和什么性格的人一起生活，更无从想象自己即将开始的生活。没有规划，听天由命，这样的人生不是迷茫，又是什么呢？

诚然，我们不需要和别人比较什么，但是，这样的人生，和闭着眼睛在黑暗中横冲直撞又有什么区别呢？不知道我们的出路在哪

里，不知道我们的突破口是什么，不知道功成名就是什么样的感觉。忙忙碌碌又碌碌无为地走完我们的一生，这真的是我们渴盼的生活吗？

不要马上回答这个问题，在回答这个问题之前，让我们看看下面这段文字，或者，会让我们有一点点不一样的感悟。

一位高考状元在接受媒体采访时说，希望大学毕业后拥有一份令人羡慕的工作。主持人问："你有梦想吗？"状元回答："我从来不考虑不能实现的事情。"

说这话时，有媒体公布了一份高考状元调查报告，大量数据表明30多年来的高考状元们并未成为各行业的精英。与社会期望相差很远。在普通老百姓眼里，高考状元似乎就是文曲星下凡。高考状元不仅天赋超人，而且拥有得天独厚的人气，人们对高考状元给予的追捧绝不亚于当红明星。谁知，现实并没有按照人们预期的轨迹发展。

美国的雷蒙德·戴维斯20多岁开始研究中微子，直到88岁才得到认可，并被授予诺贝尔物理奖。他在简陋的实验室里花费了一生的心血，支撑他走过来的是"预测宇宙未来"这看似大而无当的梦想。

还有比尔·盖茨，他开创了微软世纪，神话般地垄断了世界PC操作系统市场。然而这位神秘、古怪的世界首富在他声誉如日中天的时候，宣布要把个人名下的财产悉数捐给慈善基金。他赚取亿万财富又毫不犹豫地捐出的动力是：每天早晨醒来，一想到要做的事情将会给人类的生活带来的巨大影响和变化，就会无比兴奋和激动。

成龙为了要超越功夫巨星李小龙，拍戏时不用替身，每个镜头都真刀真枪。十余次重伤，几次差点搭上性命。他愣是忍着从头到脚一百多处伤痕和无数次冷眼，成为英国女皇、日本首相、美国总统等许多国家元首的偶像，被美国《人物》杂志评选为一百位当今全球最伟大影星。

事实就是这样，一个没有梦想、没有目标的人，他的人生就会减少很多色彩。是他们不够优秀吗？当然不是。谁敢说高考状元不优秀？但是，事实就是如此，优秀的他们却悄悄地淹没在了人生的河流中，在人生真正开始的时候，他们却销声匿迹了。

导致这种情况产生的原因只有一个，他们缺乏梦想。因为缺乏对梦想的殷殷期盼，直接舍弃了自己的梦想，放弃了飞翔。

这是很遗憾的事情。

雷蒙德·戴维斯为了梦想，直至88岁，还在努力；比尔·盖茨的梦想是给人类的生活带来巨大影响和变化，为了这个梦想，他不惜把名下的财产悉数捐给慈善基金；成龙的梦想是超越李小龙，坚持每个镜头下都不用替身……

当一个人有所希望的时候，就会知道自己应该如何去做，就会充满激情，每天容光焕发、充满希望。这是梦想带来的激情，不是躺在床上，按时起床，按部就班，不假思索就能品尝到的生活。

想有不一样的生活，必须先给自己种植一个梦想！

第一次到北京，刚下火车，他就急着向别人打听，北京什么地方的酒吧比较多？人见他风尘仆仆的样子，身上还背着吉他，心里已明白了三分："小伙子，你应该去后海啊，那儿酒吧多。"他连忙点头道谢，转过身，心里却直犯嘀咕，没听说过北京还有大海啊？

他在农村长大，父母都是朴实的农民。因为从小喜欢唱歌，初中毕业后，他就开始学弹吉他，渐渐在当地小有名气。音乐就是他的全部，当他全力去追逐梦想时，却被乡亲们看作不务正业。就连父母也反对，都劝他脚踏实地，年纪也不小了，早点成家安心过日子。但是梦想的召唤，让他无法平静。终于有一天，他瞒着父母从家里跑出来，到了陌生的北京。

终于找到后海，没见到大海，到处都是酒吧，霓虹灯闪烁，灯红酒绿。仿佛荒漠中的旅行者突然见到绿洲，他无比兴奋，满怀希望，一家一家去问，要不要歌手？结果都是被拒，没人相信他能唱好歌。走到大半夜，脚抬不动了，得找个地方过夜。从家里出来时，身上只带了几十元钱，别说住店，吃饭都成问题，他抱着吉他在地下人行道里睡了一夜，好在并不孤单，还有个乞丐为伴。

第二天清晨，行人的脚步声把他唤醒，起来继续找工作。幸运的是，一家酒吧答应让他试唱。露宿了两夜，总算找到安身之所。两间平房，中间有条巷，上面搭了个盖，就是一间房。不到两平方米，能容下一张床，进门就上床，伸手就能摸到屋顶。头顶上面是个鸽子窝，鸽子起飞时，飞舞的羽毛从窗外飘进来，绝无半点诗意。虽然简陋，好歹能遮风挡雨，最主要是便宜，一个月才200元。

不久后，他发现，自己并不适合酒吧。为了让更多人欣赏自己的音乐，他去街头献唱。选好了地方，第一次去，他连吉他都没敢拿出来，就做了逃兵。脸皮太薄，连续三天，都张不开嘴。第四天，他喝了几两白酒壮胆，终于唱出来。清澈的嗓音，伴着悠扬的琴声，仿佛山涧清泉流淌。他的歌声，被人传到网上，歌迷越来越多。这个叫阿军的流浪歌手，大家都叫他中关村男孩。

梦想似乎更近了，有多少人了解他背后的艰辛。没有稳定的收入，他只能住地下室，没有暖气，冬天跟住冰窖里差不多，为了省电费，只能用冷水洗头。不穿浅色衣服，伙食定量，几斤大米吃一个星期，两顿饭一棵大葱，三天一包榨菜。每次家里人打来电话，他总是说在酒吧唱歌，住员工宿舍，整洁卫生还有暖气。他学会了心安理得地说谎，梦想那么大，只有北京才装得下。

其实，他完全可以不用受这份苦。家里的条件不是太差，有新房子，有深爱他的女朋友，父母都希望他早日成家。他可以像身边的同龄人一样，在老家找一份轻松的工作，安安稳稳地过完一生。但是，心里总有一个声音在呼唤，梦想让他无法抗拒。他说："我还年轻，如果不趁现在出来闯一闯，我一辈子都不得安宁。"

梦想是什么？看不见、摸不着，却让人心向往之，甘愿为之托付青春。有人问英国登山家马洛里，为什么要攀登世界最高峰？他答，因为山在那里。每个人心里都有一座山，有人还在权衡得失，踟蹰不前，有人已经上路了，哪怕山高路远，却义无反顾。不为别的，至少要证明，自己曾经年轻过。

一个人的梦想并不一定是开豪车、住大别墅。那只是自己灵魂盛开的花。不是为了炫耀，只是为了让自己心生喜悦，在自己一生中有所牵绊，有念想，有渴望。实现的时候会满足，会快乐。这样的满足、这样的快乐，是人生赋予我们的动力，我们没有理由去拒绝，也没有理由放弃尝试。

如果一个人年轻的时候都不想去真切地体味身心快乐的滋味，难道还能指望在年纪大的时候再怀揣梦想，追逐快乐？那时的精力能与现在相提并论吗？

梦想是一个年轻人的必修课，人生只有有了梦想，才不会活得迷茫。

万事得趁早，我们不想被迷茫影响我们前进的步伐，就必须在第一时间确认自己的梦想。躺在床上的时候，可以想想，自己究竟要做什么？我们想拥有什么样的人生？人生达到哪一步，会很满足？

我相信，通过这般思维沉淀，我们每个人都会找到属于我们的梦想，更会在通往梦想的道路上引吭高歌。

人生有梦想，就不会活得迷茫。

第二章
没人能代替你，你的梦想还得自己实现

你就是你，一个独一无二的个体。没人能代替你成长，没人能代替你成熟。你的价值只有你自己能创造，你的梦想只能由你自己实现。因此，你唯一明智的举动，就是尽早确立自己的梦想，并一直为实现自己的梦想而努力。

1. 没人能代替你成长，谁也替代不了你去成熟

我们无须为自己的不足唉声叹气、自暴自弃，激活自己的潜能，让自己尽快变得成熟，在孰轻孰重中找准自己的方向。没有谁能代替我们成长，也没有谁能替代我们成熟。不管身处何种境地，我们一定要咬紧牙关坚持下去。

人的一生只是一场烦琐的戏码，会有很多人参与到你的人生，有些一晃而过，有些牵牵绊绊一辈子。即便很亲密的关系，你的人生，也只是你自己的事情，没有谁可以替代你成熟。

当你被一条河挡住去路的时候，他们或许或撑着一条船来渡你过河，但是不管如何过去，你必须要经历过河的这个过程。晕船反胃，还是失足落水，这些都是你必经的经历，没有谁可以替你晕船，替你落水。

这是你的人生，没有谁可以完全替代你承受你不愿意承受的生命之重。那是你的人生，别人可以参与进来，却不能改变。

所以，永远不要把希望寄托在别人身上，你所经历的只是你必须经历的人生罢了。痛苦也罢，快乐也罢，磨难也罢，成就也罢……我们不能随心所欲地选择剔除掉其中不喜欢的部分。

那些看似和快乐、成功无关的部分，其实却是与之息息相关的。

就像骨与肉的关系，看似无关，但是如果把骨头剔除了，肉还能维持原来的形态吗？

有这么一个故事。

一个伟大却又非常倒霉的作家，他出生在一个穷医生家里。小时候没有受过很好的教育，参军后被俘身负重伤，左手致残，因屡立战功，得到元帅的嘉奖。可是当他拿着元帅的保荐书，做着即将成为将军的美梦时，在归国途中，他却被俘了，然后，他被卖到阿尔及利亚，在那里做了5年苦工。

当他回到祖国的时候，很不幸，他的国家已经忘记了这位英雄，他连一个普通的工作都找不到，好不容易在无敌舰队找到一个军需的职位。一次他下乡催征，因不肯为乡绅通融减税，被乡绅诬陷入狱。从监狱出来以后，他改做税吏。一次，他把税款交给一家银行保管，偏偏银行倒闭，他又一次入狱。第二次出狱，他不但贫困，而且家里妻子、妹妹、女儿一帮人都靠他一个人养着。他住的地方，环境如此恶劣：楼下是酒馆，楼上是妓院。一天，酒馆里有人斗殴，一人倒在地上奄奄一息。他出于同情把那人背到家里，谁知人未救活，他涉嫌谋杀再次入狱。在此之后，他妻子死去，他又因为女儿的事情被法庭传讯。

就这么一个两次被俘三次入狱的人，命运如此地不肯眷顾他。但恶劣的环境没有击溃他，倒霉的境遇没有打倒他，反而丰富了他。他的智慧是把倒霉当作生命的一个必然结果加以接受，从而化为生命的财富。凭着他对生活的反思和那个国家斗牛士的精神，他写出了名震世界的巨着——《堂·吉诃德》。

这个伟大的倒霉蛋就是西班牙作家塞万提斯，作品的主人公仿佛是作者的一个自我嘲讽。他证明了倒霉时的痛苦和顺风时的欢乐都是人生的收入，他的账本上没有支出。

没有苦难，又何来《堂·吉诃德》？

在梦想与实现梦想的道路上，我们总会过于殷切，急于希望梦想早日达成，急于借此证实自己。其实，就像花开。没有万物复苏，没有枝繁叶茂，我们在寒冬腊月一味地要求种子出土，要求出土后就花香一季，这可能吗？

成功不是一蹴而就的事情，需要时间的沉淀，需要生活的积累，需要主宰梦想的我们，在不断地完善自己，通过学习，通过失败，通过挫折，再总结领悟，重新起航。

那是一个无法跨越的过程，是我们必经的一个阶段，是我们的成长必经的磨砺。

所有的教材都告诉我们，不经历风雨不能见彩虹。成长不是晒晒太阳、唱唱歌就可以完成的，它需要蜕变。之所以谓之蜕变，自然不是简简单单就能完成的，不经过彻骨之痛，何来重生？像蚕一样，想长出翅膀，就必须做足准备，经历破茧前的各个环节，经受层层考验，才能破茧而出。

这是促使你成熟的养料。

这里还有一个故事：

有位叫沃森的美国人，他出生于一个贫困家庭，幼年时没读过几天书，17岁就开始打工谋生，向人们推销缝纫机和乐器。好不容易积攒一笔钱，开了一家肉铺，可人心难测，他的合伙人在一个早上把全部资金席卷一空，逃之夭夭。肉铺倒闭，沃森也破产了，他只好重返老本行搞推销。正当他的事业越来越顺利的时候，一场飞来横祸把他打入人生的谷底。沃森因公司经营问题被控有罪，面临牢狱之灾。虽然沃森交了 5000 美元的保释金了事，但他的厄运还没有结束。生性多疑的老板对他越来越猜忌，认为他在拉帮结派，结局是被老板扫地出门。在走出公司的那一刻，沃森愤然转身说道："我要去创办一个企业，比这儿还要大！"那一年他已经 40 岁了，怀里抱着刚刚出生的儿子小沃森。

再说说小沃森，在沃森的严厉管教下，小沃森产生了逆反心理，成为学校有名的"坏小子"、捣蛋鬼。12 岁那年他买了一瓶黄鼠狼臭腺，当学校师生全体集合时，他打开了臭腺瓶，搞得整个校区臭气熏天。学校对此事进行了严肃处理，让他暂时休学。他的小学校长还断言：这个孩子长大了也不会有出息。另外，在紧张的父子关系下，小沃森从 13 岁起得了长达 6 年的抑郁症，还患上了阅读障碍症。用了 6 年时间、换了 3 所学校，他才将高中念完，后来勉强上了大学。大学毕业之后，小沃森成为一名推销员，但他将大部分时间都花在飞行和娱乐上。一个客户说："你这样的人一辈子都会一事无成。"

看看这些，人们会觉得沃森父子俩糟糕透了，不仅命运多舛、为社会所不容，而且还口出狂言、差劲到顶。如果把思维定格于此，那就大错特错了。

只说沃森这个名字，人们可能不熟悉，但如果说"IBM"也就是"国际商用机器公司"，就恐怕无人不晓了！要知道 IBM 的创始人就是沃森父子俩。

在 40 岁这年，沃森来到纽约闯荡，生产制表机、计时钟等办公自动化工具，由此踏出了时来运转、迈向成功的关键一步。在他的不懈努力下，几乎所有的保险公司和铁路公司都用上了他们公司生产的制表机，美国政府也向他们发来了订单，沃森被誉为"世界上最伟大的推销员"。

厌倦推销的小沃森后来报名参军，成为一名飞行员，这段经历让小沃森走向成熟。退役后，他回IBM帮助父亲。20世纪60年代，小沃森投入50亿美元，"以整个公司为赌注"，启动了一条全新的计算机生产线，大获成功，使IBM成为计算机界的"蓝色巨人"。

看看，当年这么差劲的父子俩，到最后竟然也能迎来成功。所以，我们还沮丧什么呢？成长是一个漫长的过程，在完全成熟前我们可能会有这样那样的缺点，但是，这些都不能决定我们成熟后的走向。

成熟原本就是一个让自己发现自身的不足，再努力改正的过程。我们无须为自己的不足唉声叹气、自暴自弃，激活自己的潜能，让自己尽快变得成熟，在孰轻孰重中找准自己的方向。没有谁能代替我们成长，也没有谁能替代我们成熟。不管身处何种境地，我们一定要咬紧牙关坚持下去。我们要相信，倒霉时的痛苦和顺风时的欢乐都是人生的收入，要珍视我们人生中遇到的一切。

2. 做了什么梦，最清楚的是你自己

别人的优势终归是别人的，别人的梦想也终归是别人的。就像没有人可以替代我们成长一样，我们也无法复制别人的梦想。想成为什么样的人，最真切的梦想是什么，最清楚的是你自己。

年少轻狂的时候，总觉得光环是围绕着别人转的。别人不管穿什么衣服都好看，别人不管跨什么步子都潇洒，别人不管做什么事都会成功。他们似乎就是为了荣耀而诞生的，迎接他们的除了掌声就是鲜花。

我们往往会被这些表象迷惑，像东施效颦里的东施一样，努力地学着西施的一切，却不想这只是徒增笑料的一出闹剧罢了。

别人的优势终归是别人的，别人的梦想也终归是别人的。就像没有人可以替代我们成长一样，我们也无法复制别人的梦想。想成为什么样的人，最真切的梦想是什么，最清楚的是你自己。

切实地评估自己的现状与特长，不能因为羡慕别人取得的荣耀而盲目跟风。是鱼就想着如何遨游，而不是像鸟儿一样飞翔，不要因为别人随意的几句话，就放弃大海，想爬上岸。

这个世界不缺在沙滩上搁浅的鱼，运气好被送回大海，运气不好不是被晒干就是被煮了吃了。

自己做了什么梦，最清楚的是你自己。适合你的，就坚持下去。不切实际、一时冲动的梦想，该放弃的时候就不要拖拖拉拉，那不是对梦想的执着，而是愚昧。

这里有一个故事。

法国少年皮尔从小就喜欢舞蹈，他的理想是当一名出色的舞蹈演员。可是，因为家境贫寒，连维持基本生活都非常艰难，父母根本拿来不出多余的钱来送皮尔上舞蹈学校。

皮尔的父母不得不将他送去一家缝纫店当学徒工，希望他学好一门手艺后能帮家里减轻点经济负担。每天在缝纫店工作十多个小时的皮尔非常厌烦这份工作，不担因为繁重的工作所得的报酬还不够他的生活费和学徒费。重要的是，他觉得自己是在虚度光阴，他为自己的理想无法实现而非常苦闷。他甚至认为，与其这样痛苦地活着，还不如早早地结束生命。

绝望中的皮尔突然想起了他从小就崇拜的有着芭蕾音乐之父美誉的布德里。皮尔觉得只有布德里才能明白他这种为艺术献身的精神的人。他决定给布德里写一封信，希望布德里能够收下他这个学生。在信的最后，他写道：如果布德里在一个星期内不回他的信、不肯收他这个学生，他便只好为艺术献身，跳河自尽了。

很快，年少轻狂的皮尔收到了布德里的回信。皮尔以为布德里被他的执着打动，答应收下他这个学生。但是信中却并没有提收他做学生的事。只是讲述自己的人生经历。布德里告诉皮尔，他在小的时候，很想当一名科学家。可是因为当时家境贫穷，父母无法送他上学，他只得跟一个街头艺人过起了卖唱的日子。最后，他说，人生在世，现实与理想总是有一定距离的人，首先要选择生存。只有好好地活下来，才能让理想之星闪闪发光。一个连自己的生命都不珍惜的人，是不配谈艺术的。

布德里的回信让皮尔猛然惊醒。后来，皮尔努力学习缝纫技术，23岁的那一年，他在巴黎开始了自己的时装事业。很快，他便建立了自己的公司和服装品牌，也就是如今举世闻名的皮尔卡丹公司。

由于皮尔一心扑在服装设计与经营上，皮尔卡丹公司发展迅速，皮尔在28岁的那一年就拥有了200名雇员。他的顾客中很多都是世界名人。如今，皮尔卡丹品牌不仅拥有服装行业，还有服饰、钟表、眼镜、化妆品等等，皮尔卡丹不但成了令人瞩目的亿万富翁，以他的名字命名的产品也遍及全球。皮尔卡丹一次接受记者的采访时说：其实自己并不具备舞演员的素质，当舞蹈演员，只不过是自己年少轻狂时的一个虚幻的梦而已。如果那时他不放弃当舞蹈演员的理想，就不可能有今天的皮尔卡丹。

促使他改变的是什么？

一，他认清了舞蹈演员与自己距离；二，他充满热情地投入到生活，重新编制了新的梦想。

在成长的过程中，我们总会被一切虚幻的梦想迷惑，觉得以后如果能成为什么真好。我们被美好的想象蒙蔽了双眼，这不是幼稚，是率真，对生活充满美好的想象。这不是错误，而是经历。

只有经历了种种，才能更切实地明白自己应该做什么梦，自己做了什么梦。才能更清晰地意识梦想对我们的重要，我们更应该如何去做。

人生有什么梦想，不是受别人左右的，而是我们来自于我们内心的充满期盼的声音。珍视它，然后根据它的牵引，一步步地走向梦想，拥抱梦想，才是人生应该拥有的积极心态。

我们不要被别人的消极吓怕，也不要被别人的成功影响。梦想是自己的，如何走、怎样走，要由自己去定夺。

小时候，我家里很穷。母亲在我3岁那年，离家出走打工，十几年没有回过家。

我读书的钱都是向村里的大叔大伯们借的。后来，一位城里的阿姨通过希望工程和我结成了对子，资助我上学。我还记得上初二时，夏天到了，我唯一的一双布鞋破了，脚趾头露了出来。有一次体育课，为了不让同学们笑话，我偷偷地把半张报纸折好，垫进鞋子里。可是在跳远时，我用力一蹬，随着溅起的黄沙，那双鞋终于寿终正寝了——鞋帮与鞋底脱离，半个脚掌露了出来。

同学们都笑起来，我面红耳赤。

我知道家里穷，不敢向父亲开口要钱。同学们都穿着漂亮的凉鞋，而我只能一直赤脚上学，那时我多想拥有一双塑料凉鞋啊！

有一天傍晚，放学后，班主任程老师把我叫到办公室，拿出一份试卷说我数学考了100分。我高兴极了。程老师拉开抽屉，掏出一个纸盒，笑着说："拿去吧，这是你的奖品！"我打开一看，竟然是一双凉鞋，我的心顿时温暖起来。

填报大学志愿时，我很矛盾。家里的情况，只允许我上军校，因为上军校是免学费的，但我内心却想当一名演员。

在学校，我参加过好几个社团，也经常给同学们表演快板、小品什么的。可是我不会跳舞，不会弹钢琴，没练过形体，也不会声乐。去问程老师，他说："你嗓子好，可以试试考表演。"离考试只有一个月。我就跟着程老师学，对着VCD学。没想到考试时，我表演了一段快板，竟然大受考官们好评。

我就这样进了"北广"。那年全国有8000多人竞争20个名额，而我这样一个农村小子，除了一腔热情，啥也没有。

来北京上大学以前，我什么都不懂，什么都没有。电影都没看过几部，邻居家里的黑白电视机，也只能收到一个台。来到北京，才见到那么多高楼，才知道地铁，一开始和人说话都紧张……但是我告诉自己，要挺住，要坚强。刚进校时，班里23个人，我排在第16名，一年下来，我成为第1名。

为了供我上大学，家里贷了4万元的款。4万元对我家来说，是一个天文数字，还要加上利息。那几年，我背负着一种沉重的压力，它也成了我努力奋斗的动力。

从大一开始，我就一边打工，一边挣自己的生活费。给公司搞商业演出，或者组织学校里的演出。我是最早给一些电影电视剧当群众演员的，早上5点半就等在制片厂门口，一车拉到拍摄地点，给人当牛使，半夜了再用车拉回来。20元一天的工作，我也做过。

同学中，几乎都是城市考去的，有的同学家境很好，或者出自艺术世家，吃穿不用愁，机会不用愁。我什么都没有，我必须从演每一个小角色做起。演完时，导演能问一下你的名字，那就是最大的成功，因为也许下次有更大的机会。

这几年，想当演员的人太多了，僧多粥少，对于我这样的学生，几乎没有机会。大家都是从跑龙套做起的，可能只是个路人甲、官兵乙，什么台词也没有，从镜头前一晃而过。但是我对每一件事都投入百分之百的心力去做，珍惜每一个角色，表现自己，证明自己。

直到现在，我还珍藏着那双凉鞋。我一直记得程老师对我说过的话："你是一个没有雨伞的孩子，下大雨时，人家可以撑伞慢慢走，但你必须努力奔跑……"是的，我会一直跑下去。

穷是击垮不了高昂的斗志的，在梦想面前，艰苦的生活固然是勒紧脖子的绳索，但是，这样的阻力与美好强大的希望比较起来是弱乎其微的。梦想不倒，希望就不会灭，就不会在乎生活给予我们的重担。

就像故事中的主人公，虽然还没有成功地拥抱梦想。但是，他知道自己做了什么梦，知道为了这个梦自己应该怎么做，知道沿着这条路走下去会面对多少的困难，但是，正因为知道这个梦的存在，知道这个梦对自己的重要，一路的阻力反而变成了激励他成长的动力。

如许三多的名言一样：不抛弃不放弃。

是的，只要他沿着梦想，不抛弃不放弃，我相信这个一直跑下去的青年早晚有一天会抓住他的梦想，站在绚丽的舞台之上。

瞧，生活的穷困其实真的并不可怕。

那么，人生可怕的又是什么呢？最可怕是精神的贫乏。没有梦想、没有激情、没有盼望，每天重复着这种行尸走肉的生活，即使衣兜里揣满了钱又有何用呢？

这样的人生是消极的，得过且过，没有盼头。

所以，人生可以没有钱，却不能没有梦想！

梦想是自己为自己设计的未来，如果自己浑浑噩噩地忘记了自己的梦想，不去想自己的未来什么模样，那么谁还能帮你把梦想重拾起来？谁还会在乎你的未来如何？还是那句话：做了什么梦，最清楚的是你自己。不管受到了什么样的阻力，遇到了什么样的问题，都不要轻易丢开自己的梦想，梦想会开启你整个积极的人生。

3. 除你之外，没人能让你成为你想成为的人

我们有自己坚持的理由：我们有自己的梦想！梦想只有靠你自己去实现，不能把希望寄托在别人身上。这个世界上除了你之外，没人能让你成为你想成为的人。

你想成为什么样的人，是你自己的事，和别人没有太大关系。你没有任何理由、任何借口，把自己的梦想附加到别人的身上。

有一个很有名的笑话："原本我想成为一名科学家，后来想想做科学家实在太难了，我还是做培养科学家的老师好了。"

当然，这只是一种调侃，我们都知道，"我的梦想"限定语是"我"，只能是我成为什么人，而不是我把别人培养成什么人。退一步说，就算你培养成功了，那个人和你有什么关系？他能取代你，完全成为你想成为的人吗？

所以不管什么时候，不管遇到了多大的难题，只要不是生命终结，我们都不要放弃我们的梦想，不要退而求其次地说："让别人代替我完成这个梦想好了！"

我们行走在路上，只有一个目标：迎着梦想走下去！

我们不知道我们的人生终究会以一种什么样的姿态作为结局，但是在最终的结局来临前，我们必须不屈不挠，奋勇前进。

我们有自己坚持的理由：我们有自己的梦想！梦想只有靠你自己去实现，不能把希望寄托在别人身上。这个世界上除了你之外，没人能让你成为你想成为的人。

我们一起来看一个故事。

珍道尔老师要离开学校去经商了，他让所有不愿意他离去的孩子们许下一个梦想。

同学们各自写下自己的愿望。有的想要一个漂亮的文具盒；有的想要一个足够结实的网球拍；有的想要一个最好的小提琴……

11 岁的埃文一口气郑重地写下自己的一串梦想：游览非洲的乞力马扎罗山，到澳大利亚看大堡礁，登上中国的长城……

同学们都认为埃文的愿望不够现实，而且也难为了珍道尔老师。即使老师有心帮助他实现这些愿望，然而对于一条腿有严重残疾的埃文来说，去这些地方会有多大的困难是可想而知的。

一年以后，同学们陆续收到了珍道尔老师的礼物，唯独埃文什么也没有收到。大家纷纷劝告埃文不要伤心，因为这样一个艰巨的旅行计划，对于谁来说都是不现实的。

10 年以后，少年时的伙伴们各奔东西了。埃文也长成了一个大小伙子，他经营着一家杂货铺，生活并不宽裕。一次，同学杰博告诉他，珍道尔老师的生意很不景气，已经濒临破产的边缘。两个人不禁唏嘘不已。

有一天，埃文正整理着杂货铺，一个人推门进来。埃文并没在意，便问对方需要什么。对方摘下眼镜，拍着埃文的肩膀，说："你不认识我了吗？"埃文定睛一看，又惊又喜："是珍道尔老师！"老师说："如果你没有忘记从前的旅行计划，那么现在开始我们的旅行吧。"由于埃文此前已经知道老师经济上的窘迫情况，便推说自己现在并不想去旅游了，只想平平淡淡地在家里过悠闲的日子。

然而，珍道尔还是坚持领着自己的学生，去了位于坦桑尼亚的乞力马扎罗山，随后又到了澳大利亚观看大堡礁，最后登上了中国的长城。埃文觉得，这次旅行给他的最大感受是，自己虽然有一条残腿，但并不意味着丧失了人生的一切快乐。旅行回来之后，埃文在市中心租下一个更大的铺面，扩大经营，又在郊外买下了几块地皮，等待有合适的机会用来发展地产。他要靠自己的努力去完成人生的梦想。

埃文 53 岁的时候，已经是一个大财团的总裁了。一天，他专程去拜访了老师珍道尔。他问老师为什么在那样艰难的情况下，还要努力帮助一个腿有残疾的孩子完成一个或许并不可能完成的梦想。

珍道尔老师已经是白发苍苍。他说："在生意惨淡的那几年，因为一时无法从困境中摆脱出来，也就无暇去顾及你的梦想了。然而几年之后，当我在出差的路上听到一个让我感叹和震惊的故事时，我改变了自己的想法。故事很简单——有几个在野外滑雪的孩子迷了路。在恶劣的天气里他们很快冻僵了。当被人发现送到医院，大多数孩子已经不治而亡，只有一个孩子奇迹般地活了下来。那个孩子说，在自己快冻僵的时候，他心里一直有一个念头，他不能死，因为还有一个梦想，等着他去实现，他要为病中的妈妈去实现这个梦想。"

就是因为这样一个梦想，给了他温暖，也给了自己一种激励和振奋，他坚持了下来。讲完故事后，珍道尔老师接着说："那个故事给了我很深的感触。那一天，我第一次真实地触摸到梦想对人生产生的不同寻常的意义。是的，不瞒你说，那一年我带着你出游是背负着债务去的，我不想因为生意的惨淡，而让你因此放弃了人生的梦想。"

听完珍道尔老师的一席话，埃文已是泪眼模糊。他说："谢谢您了。只是，您完全可以等到手头宽裕的时候再帮助我。""不，孩子！"珍道尔老师说，"我必须及早地让你知道，梦想不可能等人一辈子，而沸腾的人生正是从给梦想升温开始的。"

这个故事是我思索再三才放进来的，可能有些人觉得跑题了。

其实没有。

埃文人生的第一个梦想寄托在了珍道尔老师的身上，他足足等了十年，老师没有爽约，虽然姗姗来迟，但他还是来了。

埃文的梦想和老师给予的梦想表面看似相同，游览非洲的乞力马扎罗山，到澳大利亚看大堡礁，登上中国的长城……但实则一样吗？

埃文只是希望自己能和四肢健全的人一样，可以看看美好的风景。珍道尔老师的出发点却不是这个。他是为了完成自己当年的诺言，为了激励他不要放弃了人生的梦想。可以像普通人一样追逐自己的人生。

所以即便方向一致，内涵却是不同的。当然，很庆幸，埃文遇到的珍道尔，而不是珍道尔遇到的埃文。

但是，并不是每个人都是有这么好的运气的。想成为什么样的人，还是得靠自己去把握。

我们不妨再将珍道尔老师最后的话读三遍——梦想不可能等人

一辈子，而沸腾的人生正是从给梦想升温开始的。

后面我们再加一句：除你之外，没人能让你成为你想成为的人。所以，你要加油，去努力实现那个似乎遥不可及的梦。

4. 你精彩的一生，只有你自己能设计

人生的精彩不是一定要有多辉煌，而是能让自己觉得精彩，觉得幸福，觉得不枉来这人世一遭。你精彩的一生，只有你自己能设计。你想拥有精彩的一生还是平庸的一生，要靠你自己规划。

未来对于我们每一个人而言，都只是一个未知数。没有谁可以轻易断言，以后我肯定会成为一个什么样的人物，取得什么样的成就。

正因为人生的这种不确定性，有些人就放弃了追逐，选择了随波逐流，碌碌无为地过了一生。

如果一个人在选择伊始，就化主动为被动了，那么还有什么资格去要求"精彩"这个词在你的人生中出现？因为你给予了人生消极，你又怎能苛求人生能积极地回应你呢？

估计只能一路羡慕别人的精彩，满怀遗憾地走完自己的一辈子了。

这是一种悲哀，而这种悲哀完全是你一手促成的。你完全可以给自己足够的精彩，只是你没有努力。

有一个故事。

小时候父亲做的一件事情，一直到今天还让我记忆犹新。

父亲是个木工，常常帮别人建房子，每次建完房子，他都会把别人废弃不要的碎砖烂瓦捡回来，或一块两块，或三块五块。有时候走在路上，看见路边有砖头或石块，他也会捡起来放在篮子里带回家。久而久之，我家院子里多出了一个乱七八糟的砖头碎瓦堆。我搞不清这一堆东西的用处，只觉得本来就小的院子被父亲弄得没有了活动的空间。直到有一天，父亲在院子一角的小空地上开始开沟挖槽、和泥砌墙，用那堆烂砖左拼右凑，一间四四方方的小房子居然拔地而起。父亲把本来养在露天到处乱跑的猪和羊赶进小房子，再把院子打扫干净，我家就有了全村人都羡慕的院子和猪舍。

当时我只是觉得父亲很了不起，一个人就盖了一间房子。那时我家穷得几乎连吃饭都成问题，但我父亲没有放弃，日复一日地捡砖头碎瓦，终于有一天有了足够的砖头来造心中的房子。

后来的日子里，这件事情凝聚成的精神一直在激励着我。在我做事的时候，我一般都会问自己两个问题：一是做这件事情的目标是什么；二是需要多少努力才能够把这件事情做成，之后就要有足够的耐心，因为砖头不是一天就能捡够的。

就像这个故事中的"我"总结的那样，先确定目标，再确定需要多少努力才能把这件事情做成。

人生的精彩不是一定要有多辉煌，而是能让自己觉得精彩，觉得幸福，觉得不枉来这人世一遭。你精彩的一生，只有你自己能设计。你想拥有精彩的一生还是平庸的一生，要靠你自己规划。如果一开始你就放弃了规划的权利，那么还有什么可以争取？

这个世界没有谁能决定你即将走的路，也没有谁可以随意更改你的人生方向。精彩不精彩，只在于你如何设计，如何坚持。

1642 年的圣诞节前夜，在英格兰林肯郡沃尔斯索浦的一个农民家庭里，牛顿诞生了。牛顿是一个早产儿，出生时只有 3 磅重。接生婆和他的双亲都担心他能否活下来。谁也没有料到这个看起来微不足道的小家伙会成为一位震古烁今的科学巨人，并且活到了 85 岁的高龄。

牛顿出生前三个月父亲便去世了。在他两岁时，母亲改嫁。从此牛顿便由外祖母抚养。11 岁时，母亲的后夫去世，牛顿才回到了母亲身边。大约从 5 岁开始，牛顿被送到公立学校读书，12 岁时进入中学。少年时的牛顿并不是神童，他资质平平，成绩一般，但他喜欢读书，喜欢看一些介绍各种简单机械模型制作方法的读物，并从中受到启发，自己动手制作些奇奇怪怪的小玩意，如风车、木钟、折叠式提灯等等。药剂师的房子附近正建造风车，小牛顿把风车的机械原理摸透后，自己也制造了一架小风车。推动他的风车转动的，不是风，而是动物。他将老鼠绑在一架有轮子的踏车上，然后在轮子的前面放上一粒玉米，刚好那地方是老鼠可望而不可即的位置。老鼠想吃玉米，就不断地跑动，于是轮子不停地转动。他还制造了一个小水钟。每天早晨，小水种会自动滴水到他的脸上，催他起床。

后来，迫于生活，母亲让牛顿停学在家务农。但牛顿对务农并不感兴趣，一有机会便埋首书卷。每次，母亲叫他同她的佣人一道上市场，熟悉做交易的生意经时，他便恳求佣人一个人上街，自己则躲在树丛后看书。有一次，牛顿的舅父起了疑心，就跟踪牛顿上市镇去，他发现他的外甥伸着腿，躺在草地上，正在聚精会神地钻研一个数学问题。牛顿的好学精神感动了舅父，于是舅父劝服了母亲让牛顿复学。牛顿又重新回到了学校，如饥似渴地汲取着书本上的营养。他写了一首题为《三顶冠冕》的诗，表达了他为实现献身科学的理想而甘愿承受痛苦的态度：

　　　世俗的冠冕啊，我鄙视他如同脚下的尘土，

　　　它是沉重的，而最佳也只是一场空虚；

　　　可是现在我愉快的欢迎一顶荆棘冠冕，

　　　尽管刺得人痛，但味道主要的是甜；

　　　我看见光荣之冠在我的面前呈现，

　　　它充满着幸福，永恒无边。

　　只要接触过牛顿的人都知道牛顿是伟大的，也是幸运的，都本能地以为他人生的精彩随一个苹果而来。殊不知，幸运的不是牛顿而是苹果。就算没有这个苹果，牛顿迟早也会发现万有引力。因为会设计自己人生的人，迟早会迎来属于自己的精彩的；如果苹果砸错了人，它依然只是烂苹果一枚，早就被人们遗忘在记忆的垃圾桶中。

　　我们世俗的目光往往更愿意停留在牛顿被苹果砸了之后的精彩之上，很少有人愿意探究在苹果落下之前，牛顿到底经历了什么。没有谁的人生是一帆风顺的，当我们设计完我们的路线，整装待发的时候，我们不知道接下来是什么样的天气，我们会遭遇什么样的阻力。

　　牛顿成功的关键不是一个苹果，而是他认真地设计了他的人生，并且一开始就按照他的设计，按部就班地走了下来。

　　虽然期间他也遇到了极大的阻力，但是，他还是凭借对梦想的执着，凭借不言放弃的坚定，感动家人，从而一步步迈向精彩。

　　设计人生，不是随心所欲的一场说走就走的旅游，而是，有目的、有规划的一次行动。那是很严谨的事情。关系的不仅仅是心情，还直接关乎你的人生是否可以担当"精彩"这个词，可以随时告诉别人，我没有遗憾！

请记住：你精彩的一生，只有你自己能设计！

5. 你不积极实现梦想，没有人替你主动

梦想摆在那，具体应该怎么做，得看你本人。反正有一点是万分确定的，你不积极实现梦想，没有人会替你主动。别人能做的最大极限只是提醒你，步子还得你自己去跨。

每个人都有梦想，有些人把梦想藏在心灵深处，一个人的时候偷偷畅想一会儿，感悟一会儿，再偷偷塞回去。他们觉得梦想在没有实现前是不能向别人倾诉的，那只是自己一个人的秘密，没实现只有自己知道，就不会丢脸，不会被嘲笑；有些人愿意把梦想说出来，刷牙的时候说一次，睡觉的时候说一次，无时无刻地监督自己向着这个目标努力；也有些人愿意向所有人陈述自己的梦想，不是因为自信与勇敢，而是殷切地期盼人群中有个人告诉他："呀，这个梦想简单，我可以帮你实现！"

梦想是种子，是需要精心呵护的，但绝不是刻意尘封在心底，坚决不让别人知道的小木盒。梦想不是见不得光的东西，即使你的梦想可能会受到嘲笑，也要让它勇于从心底里蹦出来。

被嘲笑怎么啦？难道因为嘲笑，你也会觉得梦想可笑？难道因为嘲笑，你就要放弃你的梦想？这样的梦想未免也太廉价了。

我们先来读读这个故事，看看人家为梦想付出了多少。

有时，别人残酷的嘲笑，会有力地激发你的斗志，让你产生创造奇迹的勇气。

升入台湾精诚中学后，柯景腾不仅成绩糟糕，而且调皮捣蛋，因过度搞恶作剧，于是受到班主任处罚，让他坐到好学生沈佳仪前面，由她代为监视。只要柯景腾不认真听课，沈佳仪就用圆珠笔戳他。沈佳仪成绩优良，长得十分漂亮，是名副其实的校花，追她的男生简直成群结队，总是厌恶读书的柯景腾，喜欢上逼他用功读书的沈佳仪。柯景腾想追求沈佳仪，为了让沈佳仪看得起自己，柯景腾每天夜里念书到凌晨 2 点，随便睡 3 个小时，早晨 5 点就匆匆起床继续读书，柯景腾的成绩进步很快，从全校第 480 名考到第 21 名。

从精诚中学毕业，柯景腾考取台湾交通大学；沈佳仪发挥失利，居然名落孙山。好像血液里有叛逆因子的柯景腾，上大学后依然经常惹是生非。在一次自由格斗赛中，柯景腾和一个专业跆拳道运动员较量，结果他被打得鼻青脸肿，鲜血直流。满嘴是血的柯景腾急忙打电话给沈佳仪，向她转述比赛的情况。不过，柯景腾的话还没有说完，就被沈佳仪冰冷地挂断了电话，之后他们失去了联系。

后来，沈佳仪步入婚姻殿堂，柯景腾去参加婚礼。看着沈佳仪穿着白纱，缓缓走在红地毯上，柯景腾仿佛在做梦。"在梦中，在想象里，我的角度都是……新郎。"柯景腾说，"可惜，在现实中不是。因为我最喜欢她，我追她最久，所以我最应该给她祝福。"

婚礼过后回到家里，柯景腾开始写作自己的初恋故事《那些年，我们一起追的女孩》，他准备把自己的初恋经历拍成电影，让女主角知道自己最想对她说的一句话："沈佳仪，今生欠你一个对不起。"

当柯景腾的自传式小说完成时，有香港导演找上门来咨询拍摄电影的事情。由于这个故事讲述的是他青春时期难忘的记忆，他决定自己拍。然而担任导演的柯景腾完全没有拍片经验，从筹划拍电影开始，别人就对柯景腾产生质疑，嘲笑他是癞蛤蟆想吃天鹅肉。

剧组的工作人员都没有拍电影的经验，柯景腾连续找7个摄影师，竟然都被拒绝，最后找到的那个摄影师，从来没有拍过电影。尤其让柯景腾无奈的是，临近电影开拍之际，电影最大的投资人认为与他合作没有希望，不但把数额最大的资金撤走，而且无情地嘲笑他："如果你能把电影拍成功，我可以用手掌心煎鸡蛋给你吃！"

柯景腾把近几年累积下来的小说版税，全部投进剧组去。"我买过车，也买过房，但从今以后我可以说，我买过最贵的东西，是梦想！"

除录音师外，剧组成员都是新人，从艰难起步，到顺利结尾，只拍摄46天，就把电影拍完。

这部纯粹没有明星的电影，在台湾和香港的票房收入竟然都相当可观。迄今为止，台湾的票房已达到6亿台币，创下台湾电影史上最快破亿纪录，成为台湾华语影史排行名列前茅的影片；时至今日，香港的总票房已超过8000万港币，成为香港有史以来最卖座的华语电影！

"嘲笑并非都是坏事，就看你以怎样的心态去面对。"柯景腾的艺名叫作九把刀，回忆拍摄《那些年，我们一起追的女孩》的经历时他说，"有时别人残酷的嘲笑，会有力地激发你的斗志，让你产生创造奇迹的勇气。"

你的梦想是你精彩的未来。如果你不积极地去实现梦想，那么更不要指望别人替你主动。

九把刀为了拍摄《那些年，我们一起追过的女孩》这部电影，投入了几近所有的资金，花费了别人难于想象的精力，经历了一次又一次的拒绝，又遭受了巨大的嘲讽……

我们不能说当年嘲讽过他的人，不愿意和他合作的人愚昧无知。每个人看问题的角度不同，他们觉得这只是九把刀的梦想，九把刀这么做是为了完结自己一个梦。他们没必要为了别人的梦想，忽视自身的利益，急于投入其中。那是无意义的冒险。

瞧，就像你看到的那样，你的梦想完全和别人无关，如果你自己都不积极，难道还指望别人替你主动？

我们再来看看这个故事。

吉娜是艺术学院的优秀生，毕业时她暗下决心，将来一定要去百老汇发展。

这天老师把她叫去，问她："既然你有决心，那么，现在去和将来去有什么差别？"

吉娜说："现在我没有把握啊！我想把基础打扎实些，明年去。"

老师说："难道你明年去和现在去有本质的不同？"

吉娜愣住了，看着老师热切的目光，想到百老汇金碧辉煌的舞台，她浑身热血沸腾："老师，我下个月就去。"

老师意味深长地看着她："下个月？你现在去和下个月去有什么两样？"

吉娜坐不住了："老师，那我下个星期就出发。"

老师依然步步进逼："所有的生活用品都能在百老汇买到，你为什么还要等下个星期呢？"

吉娜激动地跳起来："老师，那我马上就去！"

老师笑了："其实，我已经为你订了明天出发的机票。百老汇正在招聘演员，你不要错过这个机会。"

第二天，吉娜就告别老师，飞往她梦想的圣地。

梦想摆在那，具体应该怎么做，得看你本人。反正有一点是万分确定的，你不积极实现梦想，没有人会替你主动。别人能做的最大极限只是提醒你，步子还得你自己去跨。

在这里讲这个故事，我只想说明一件事。积极地实现梦想并不是嘴上的积极，更需要配合积极的行动。

明天，明天的明天，明天的明天的明天，明天可以日复一日，但是青春却没有这项特权，它经不起我们一再的等待。

既然已经构建了梦想，就不要把梦想束之高阁，梦想不是收藏品，它有它的保质期。要么抓紧时间积极地把梦想实现，要么就眼睁睁地看着梦想过期变质。

梦想的存在是给人希望，而不是用来感怀伤感的。如果没有积极投入的心，构建一个绚丽的梦想和画一幅简笔画有什么区别呢？何必让梦想牵系自己的情绪又饱受无能为力的煎熬？

梦想有了，对你而言就不是可以实现和不可以实现的二选一，而是必须实现它，必须迎着这个目标，奋勇而上。你不积极实现梦想，没有人替你主动。

6. 将自己的梦想强加给他人，对双方都是伤害

自己的梦想只属于自己，和别人没有关系。即便是父母，也不能替孩子规划梦想，那不是爱，而是伤害。

任何时候，我们都要明白一件事，我们的梦想只是我们自己的，它无关身边的其他人。我们完全没有理由，把我们的梦想强加给别人，即便你觉得你是出于善意，你的出发点是为他好，也不可不必。

何为好？尊重别人，重视别人的想法才是好。给人强加梦想的行为换一种说辞就是你扼杀了人家的梦想，粗鲁地把自己的梦想灌输了过去。毁掉人家的梦想，他们会快乐吗？而且，你又哪来的自信可以断言，你给他们强加的梦想就是对他们最有利的呢？

所以，不要冲动，不要以爱为名做那些对双方都有伤害的事情。

我们一起来看看这个故事。

托德·库姆斯虽是纽约市中心小学的一名学生，遵照父母对他的期望，他应把精力放在绘画上，因为他出生于绘画世家。但他好像对父母的安排不是太感兴趣，常常背着父母去做一些投资方面的工作。

在学校里，他偷偷地做投资贷款，这在学生中尚属首次。他暗中操作着一家小型的投资公司，专业地收取学生们的贷款费用，这

一度让校长十分无奈。为此，库姆斯甚至几度被父母领回家。每当此时，他都会痛下决心地表达自己的意愿，说自己唯一的长处是绘画。

在绘画方面，他的确有天分，但他前行的道路并非坦途。他的画作虽然在校园里引人注目，可就是无法吸引大师们的注意力，几次大奖都与他擦肩而过。

25岁那年，库姆斯在全美的一次绘画大赛中又一次败北。他一怒之下烧毁了自己的全部画作，并且发誓不再提笔作画。他喝了许多酒，直至醉倒于柏油马路上。

醒来时，他发现自己的身边有一个老头，面目和善。老头笑着说道："你这小鬼，我早就注意你了，你在校园里的恶作剧我全知道。我是一家贷款公司的负责人，我正在寻找一位投资方面的天才。"

"可我只是一个画画的人，不是什么投资方面的天才。"

"给你讲个故事吧，古时候，许多人慕名前往罗马，因为那儿是高手云集的地方。但去罗马的路太挤了，一个小伙子苦苦寻找了多年时间，仍然没有成功。一日，他路过一个十字路口，问一位老者：'这条路是通往罗马的吗？'老者说：'不，是通往佛罗伦萨，你去吗？'"

年轻人说："我要去罗马，不去佛罗伦萨。"

老者却意外地说道："没有道路通罗马，只有一条路去佛罗伦萨。"

年轻人后来想了想说："好吧，我去佛罗伦萨。"他到了佛罗伦萨后，意外地找到了自己失散多年的亲人，后来在那儿安居，成家立业，安度晚年。

库姆斯恍然大悟："是呀，如果没有道路到达罗马，去佛罗伦萨也是情理之中的事情。"

库姆斯于是毅然放弃了经营十多年的绘画专业，开始经营股票与投资。他摸爬滚打了十多年时间，终于成了一家小型基金公司的负责人。

2010年底，库姆斯意外地成就了一番辉煌。股神巴菲特选中他作为自己的接班人，库姆斯声名鹊起，一下子变成了金凤凰。

巴菲特选取他的理由是：他是个投资方面的天才，就像自己年轻时候一样。

库姆斯幸运地遇到了巴菲特，从而找回了当年他放弃的喜好和专长。让他延续了已经中断的梦，这是他的运气。如果没有梦想，他就只能捧着父母强加给他的绘画梦想，并且沿着这条路一路拼搏浮沉……那么他的人生就不会快乐。

但是，并不是每个人都有这样的运气的。他们只能沿着别人设置的梦想之路，毫无憧憬的拼搏。就算成功了，也只是别人的梦，无从获得喜悦。因为，自己的梦想只属于自己，和别人没有关系。即便是父母，也不能替孩子规划梦想，那不是爱，而是伤害。

即使出发点是善意的，也不能把你的善意附加到别人的梦想上。一个词叫"人各有志"，你不是别人，不知道别人心底里最真实的想法，究竟喜欢过什么样的生活，你善意地替他们规划梦想，完全是反客为主的行为。这样的善意不要也罢。要知道，将自己的梦想强加给人，对双方都是伤害。

7. 没人能代替你，你的梦想还得自己实现

自己的梦想终归不是别人的梦想，要不要实现是自己需要面对的问题，和别人完全无关。要坚守下去，还是放弃，只是自己的事情。你的取舍只是你自己的选择，关乎的只是你自己的人生。梦想只是自己的事，没人能代替你，你的梦想还得自己实现。

人的一生，不可能平步青云，总会遇到一些阻碍。人与人的差别就是有些人突破了阻碍，终究实现了自己的梦想，获得了成功。有些人在阻碍中败下阵来，最终与成功失之交臂。

这并不是说突破阻碍的人受到的阻力小，没突破的人受到的阻力就大，而是面对问题时候的坚韧程度。坚持得久了，毅力足够，总会有所突破。

在通往梦想的道路上，我们得时刻保持一个信念：苦难会过去，阻力会突破，没有什么我们做不到的事情。更应该清醒地认识：求人不如求己，自救永远胜于他救，这个世界上没人能代替你，你的梦想还得自己实现。只有依靠自己不懈的努力，自强自立、自强不息，而不应该怨天尤人，消极地等待别人的援助、等待奇迹。

自己的命运只能靠自己主宰！

这里有一个故事。

1947 年的一天，美孚石油公司董事长贝里奇到开普敦检查工作，在卫生间里看到一个黑人小伙子跪在地上擦水渍，擦一下就磕一个头。贝里奇就问他为什么要这样做，那个小伙子说他在感谢上帝，因为是上帝帮他找到了这份工作。贝里奇听后笑了笑说道："南非的大温特胡克山上住着上帝，能为人指点迷津。如果你想见他的话，我可以给你说情，让你们经理给你一个月的假。"小伙子痛快地答应了，然后用了一个月的时间，吃了很多苦，终于登上了那座山。可是，他在山上待了一整天也没有见到任何人。回来后，他对贝里奇说："董事长先生，我到达了那座山的山顶，可是除了我自己之外，根本没有什么上帝啊！"贝里奇说："是的，现在你应该是明白了，除了你之外，根本没有什么上帝。"那个小伙子理解了董事长的用意，从此努力工作，20 年后，他成了美孚石油公司开普敦分公司的总经理，他的名字叫贾姆讷。

　　有一天，美国著名成人教育家卡耐基正在家里看书，一个神情呆滞的流浪汉忽然进来了，他对卡耐基说，他做生意赔了很多钱，打算自杀，就在要跳河的时候，看到了卡耐基的一本书，他感觉卡耐基能帮他走出困境，就兴冲冲地找来了。卡耐基听完他的话后，对他说："我帮不了你，但这屋子里有一个人能帮助你，你想见他吗？"那个人立即抓住卡耐基的手说："他在哪里？快带我去找他！"卡耐基把这个人带进了里屋，让他站到一面镜子面前，对他说："这个人就在镜子里。"那个人一看，镜子里只有自己的影子。卡耐基对他说："这个世界上，能让你东山再起的人，就是你自己！"那个人听了以后深受启发，告别卡耐基以后，他重新开始创业。两年以后，有一辆豪华轿车停在卡耐基先生的门前，从车上走下来一位衣着讲

究的绅士，正是当年想自杀的那个流浪汉，他是来告诉卡耐基，他已经完全依靠自己的努力成功了。

不要把希望寄托在别人身上，这个世界真正能帮助你的人，只有你自己。

我们的世界不缺伯乐，但是伯乐的出现只是认同了你的实力。如果你不是千里马，你到了伯乐手里还是不能变成千里马，还是会被淘汰。伯乐是最后的那股东风，没有之前的万事俱备，就算东风来了又有什么作用呢？所以，我们的梦想不是伯乐替我们实现的，而是要靠自己去实现。

与其等待别人帮忙，还不如重新激活自己的勇气，向前出发。还是那句话：你的梦想还得自己实现。

别人只是天边的浮云，自己才是自己命运的主宰。任何时候，我们都不要小觑自己的力量，只要坚持，那些原以为不可能的梦想也会变得触手可及。

我们一起来看这个故事：

他生长在一个普通的农户家里，小时候家里很穷，很小就跟着父亲下地种田。在田间休息的时候，他望着远处出神。父亲问他在想什么？他说他将来长大了，不要种田，也不要上班，他想每天待在家里，等人给他邮钱。父亲听了，笑着说："荒唐，你别做梦了！我保证不会有人给你邮钱。"

后来他上学了。有一天，他从课本上知道了埃及金字塔的故事，就对父亲说："长大了我要去埃及看金字塔。"父亲生气地拍了一下他的头说："真荒唐，你别总做梦了！我保证你去不了。"

十几年后，少年长成了青年，考上了大学，毕业后做了记者，平均每年都出几本书。他每天坐在家里写作，出版社、报社给他往家邮钱，他用邮来的钱去埃及旅行。他站在金字塔下，抬头仰望，想起小时候爸爸说过的话，心里默默地对父亲说："爸爸，人生没有什么不能实现的！"

他，就是台湾最受欢迎的散文家林清玄。那些在他父亲看来十分荒唐不可实现的梦想，在十几年后他都把它们变成了现实。

愿意打开书翻看一下的人，几乎没有几个不知道林清玄的。但是在他成为众所周知的林清玄之前，他也只是一个小人物。他的梦想甚至遭到了父亲的讥讽。

这些都有什么关系呢？自己的梦想终归不是别人的梦想，要不要实现是自己需要面对的问题，和别人完全无关。要坚守下去，还是放弃，只是自己的事情。你的取舍只是你自己的选择，关乎的只是你自己的人生。梦想只是自己的事，没人能代替你，你的梦想还得自己实现。

第三章
行动，唯有行动者才能实现梦想

　　每个人都有梦想，每个人的梦想都得由自己来实现。但是，并不是每一个人的梦想都能实现，因为有些人的梦想因为缺乏行动而在不知不觉中变成了妄想。因此，我们有了梦想，意识到梦想只有靠自己实现后，我们一定要积极行动。行动，唯有行动者才能实现梦想。

1. 每个人的青春都是为其梦想准备的

梦想就像我们人生中的太阳，如果因为一时的阴雨就放弃了太阳，那么，你的整个人生就失去了阳光。我们不要让一时的困惑与磨难迷惑了我们的双眼，要坚信，每个人的青春都是为了他们的梦想准备的，所谓的痛苦的经历，只是为了早日达成梦想。

一个人有怎样的人生，不是依附想象就能实现的，必须以实际行动来促使梦想完成。这不是一朝一夕一蹴而就的事情，不能急。但是不急并不是可以忽视梦想的存在。

我们必须每时每刻谨记梦想，准备做一件事情的时候，都要认真地思考，我即将做的这件事对我的梦想有帮助吗？我投入进去是不是能更贴近我的梦想？这样做是为了少走一些弯路。就像我们知道的数学原理一样，直线之间的距离是最近的，可是很多时候，一不小心我们就会让直线拐弯，让原本可以更近些的距离变长。

梦想不是一个虚幻的词，它是真实存在的。可是它又万分调皮，躲在前面我们不知道的某个岔道口，走错了道就得重新回转过来寻找。

这些都不是错误，只是经历。有些经历是我们无法逃避的，有些经历却是完全可以避免的。我们尽量让自己距离梦想的距离变近。

因为人的青春是很有限的，而有限的青春都是为我们的梦想做准备的。

一次次目睹别人成功，再看看站在原地没有移动的自己，除了抱怨，我们有没有想过一个问题：在别人为梦想不断充实自己、提高自己、展现自己的时候，你在做什么？你在积极地为了实现梦想作准备了吗？

我们一起来看看这个故事。

上大学时，志刚是公认的才子。专业学得好，琴棋书画无所不能。毕业后踏入社会时，志刚的心里充满了自信。

志刚求职的第一份工作，是报社记者。报社里昔日的师兄鼓励他：以你的才气，考入报社，一点问题也没有。笔试那天，虽然偌大的考场里坐满了考生，可志刚一点也不怯场。他用了不到一半的时间就将考卷做完。环顾四周，许多考生正皱着眉头，苦苦思索。志刚在心里轻轻地笑了。考试结果出乎意料，他落榜了。志刚感到非常难过。考虑再三，找到报社主考人员，希望能给他一个机会，志刚保证："我一定会把这份工作做好的。"可不管怎么请求，主考人员都不为所动。

走出报社大楼，虽然外面阳光明媚，可志刚觉得，眼前到处都是灰蒙蒙一片。

求职的第二份工作，是公务员。在报纸上看到招考启事的当天，志刚就买来参考书。知道这种竞争非常激烈，考取的几率微乎其微，可志刚还是决定试一把。他在租来的地下室里看书、做题，饿了，啃一口凉馒头，渴了，喝一杯白开水。第一次考试，志刚以二分之差落榜了，虽然很失落，却还是看到了希望。他决定再试一次。第二年，他差了五分。志刚仿佛跟命运较上了劲儿，他坚信功夫不负苦心人，他不相信那些考取的人员水平更高。第三年，志刚终于一举获得报考岗位第一名的好成绩。

在电话里查到这个结果时，志刚的泪水，从眼里慢慢地流了出来。

下一步是面试。志刚找到以前考取公务员的朋友，朋友耐心指点，告诉他要注意的问题。志刚一一牢记在心，而后对着镜子，一遍遍模拟练习。

面试那天，志刚确实很紧张。可看到其他面试人员比他更紧张时，志刚反而镇定了下来。面试者一共五人，志刚排在第三位。时间蜗牛般一点点爬过，第二位面试者快要结束的时候，志刚整装待发。就在这时，他的手机响了。一时间，大家面面相觑，而后将目光投向志刚。志刚一下子懵了。智者千虑，却在关键时刻掉了链子。谁都知道，面试时不得将任何通讯工具带进来。志刚违规了，他被取消了面试资格。

那天下午，有人看见志刚在海边发了疯似的狂跑，将手机远远地抛向大海。他跌倒在沙滩上，双手抓紧沙子，泪水和着沙子，满脸横流。

以后，志刚求职无数：企业文员、广告公司策划……不是工作不满意他，就是他不适应工作。志刚碰壁无数。

求职之路山重水尽。志刚已在社会上漂泊数年，生存成为最根本的问题。志刚问自己，还能干什么？思来想去，只能办一个绘画班了。

画画一直是志刚的爱好。小时候，父母为志刚请过名师指点，这么多年，只要有闲暇，他就会拿起画笔，在纸上涂抹一阵子。画室设在一间地下室，最初的学生只有两名，志刚没有泄气。因为志刚知道，除此之外，他没有别的路可走。志刚耐心地教学生作画，慢慢地，学生变成五名、六名，直至十多名。每到学习日，小小的地下室，明显地拥挤了。

生存问题得以解决。不教画时，志刚便背着画夹，四处写生，他画旭日初升的大海，峰峦壮美的高山……画画让志刚有一种宁静的感觉。远离了喧嚣，远离了尘世，内心充实无比。把画技传授给学生时，志刚会由衷地喜悦。命运仿佛是在悄然间发生变化的。志刚选了几幅写生画，挂在地下室的墙上。那天，一位学生家长对着一幅画看了很久，而后转向志刚，凝视着他问："真是你画的？"志刚点点头。那位家长紧紧握着志刚的手，表示愿意出高价购买这幅画。

名声就是这样传出去的。求画的人渐多，更多的家长希望能将孩子转到志刚的门下。有人对志刚简陋的画室评价："卧虎藏龙之地。"他的画室后来改在市中心……彼时，志刚已将画画视为生命，终日勤学苦练不止。

如今，志刚已近不惑之年。一年前，他成为这个城市一所画院的院长。他的画作，享誉国内外。

说起当年的挫折，志刚感慨不已。曾经以为，挫折是一双魔爪，要将你撕裂成片，流血不止。回过头来才知道，挫折是一双最温暖的手，它不断地将你从错误的轨道上推开，帮你找到正确的路，虽然这个过程会让人疼痛、会让人流泪。

我们每个人出生的时候，都是只懂哇哇大哭的小婴儿，几乎没有太大的差别。但是经过成长发育后，一个个个体之间的差异就明显地展现了出来。

那些以为没用的过程，可能才是决定你最终命运方向的导向标，所以努力都是逐渐沉淀下来的资本。

坐在阳台，看着天空，看得再久也不会有馅饼掉下来。我们不能蜷缩在自己的小天地里，一定要学会让自己的目标明确起来。一定要围绕着这个目标动起来。虽然一开始我们可能看不到我们努力会带来什么样的效果，但是，终有一天你会发现，你的努力都没有白费，你的付出都是正确的。这个世界是公平的，有梦想才有目标，有目标才有努力，有努力才有进步。

这就是对努力的终极肯定。

若干年后，我们就会发现，每个人的青春都是为其梦想准备的。如果你放弃了青春时的追逐，那么又何来后来的成功呢？

我们的一生中，总会有各种让你放弃梦想的理由。要不要坚持下去，能不能坚持？主动权永远在你手中。

的确，在实现梦想的过程中，是极其枯燥乏味的。一味地投入却又估测不到和梦想的距离究竟有多远。思想的压力已经足够大了，这个时候若再加上外因的压力，放弃梦想也情有可原。

可是一个情有可原能让你身心轻松吗？能毫无委屈、毫无遗憾地享受放弃梦想的转折吗？

梦想就像我们人生中的太阳，如果因为一时的阴雨就放弃了太阳，那么，你的整个人生就失去了阳光。我们不要让一时的困惑与磨难迷惑了我们的双眼，要坚信，每个人的青春都是为了他们的梦想准备的，所谓的痛苦的经历，只是为了早日达成梦想。想收获梦想，就要用心培育，青春就是最佳的梦想培育期。

2. 你所受教育的根本目的，是启发你去实现梦想

我们不能完全把梦想寄托在我们所受的教育上，但是有一点是毋庸置疑的：我们所受的教育、所学的知识启发我们去实现梦想，是启发，不是指向。

我们的人生是很短暂的，所以想要在短暂的人生中有所成就，必须让自己的人生安排得很紧凑。紧凑的人生中除了光芒万丈的那一刻，很重要的一部分就是前期摄取能量，也就是接受教育的那部分。

我们每一个人一般在很小的时候都开始接受启蒙教育。除了做人的基本准则之外，还会涉足一些艺术、学业、技能之类的教育培训。像舞蹈、钢琴、奥数、书法、英语等等之类的。虽然不能涉及全面，但大抵总会接触几项。

某项教育培训长期坚持下来，就会慢慢演变为我们的特长。不能说特长就一定是我们以后发展的方向，也不能说我们受到的教育就一定是直奔实现梦想的主题而去。但是有一点我们不能否认，如果除去了我们受教育的那段，凭什么去谈梦想？

不要急于否认，我们先来看看这个故事。

1963 年的春天，日本福冈县立初中的一间教室里，美术老师正

在组织一场绘画比赛，同学们都在认真地按照要求认真地画着，只有一个瘦高个子的小家伙缩在教室的最后一排。他实在不喜欢老师定的命题，于是便信手涂鸦起来。

到了上交作品的时间了，老师看着一张张作品，不住地点头称是。他深为自己的教育成果感到满意，作品里已经有了学生们自己的领悟，可以说，是对日本传统画作的继承和发展。

但唯有一张画让他大跌眼镜，作者是个叫臼井的学生，老师的目光从画作上移到了最后一排，接着看见这个名不见经传、有些另类却又有些特立独行的孩子在冲着他冷笑。

他大声怒斥起来："臼井，你知道你画的是什么吗？简直是在糟蹋艺术。"

小家伙闻听此言，吓得他垂下了头，老师接下来让大家轮流传看臼井的作品，他用红笔在作品的后面打了无数个"叉叉"，意思是说这部作品坏到了极点。

他画的是一幅漫画，一个小家伙，正站在地平线上撒尿，如此的不合时宜，如此的不伦不类。

这个叫臼井的学生一夜出了坏名，学生们都知道了关于他的"光荣事迹"。

这一度打消了他继续画画的积极性，他天生不喜欢那些中规中矩的传统作品，他喜欢信手胡来、一气呵成，让人看了有些不解，却又无法对他横加指责。

在老师的管制下，他开始沿着正统的道路发展，但他在这方面的悟性实在太差了。

期末考试时，他美术考了个倒数第一名，老师认为他拖了自己班的后腿，命令他的家长带着他离开学校。

他辍了学，连最起码的受教育的权利也被剥夺了，于是，他开始了流浪生涯，不喜欢被束缚的他整日里与苍山为伍，与地平线为伴，这更加剧了他的狂妄不羁。

1985 年的春天，《漫画 ACTION》杂志上发表了《不良百货商场》的漫画作品，里面的小人物不拘小节，让人忍俊不禁，看来爱不释手。

作品一上市，居然引起了强烈的反响，受到长久束缚的日本人在生活方式上得到了一次新的启发，他们喜欢这样的作品。

又一年，一部叫《蜡笔小新》的漫画风靡开来，漫画主人公小新生性顽皮，做了许多孩子愿意却不敢做的事情，典型的无厘头却得到了意想不到的结果，被拍成动画片后，所有人都记住了小新。

臼井仪人，这个天生邪气逼人的漫画家，注定不会走传统的老路，如果他仍然沿着美术老师为自己铺好的道路发展，恐怕这世上不会有蜡笔小新的诞生。

如果灵魂里没有星星和月亮，那么，我们要抓住尘埃和杂质，照样可以让它们生出星星之火，一样可以熠熠生辉。

在接受美术教育的过程中，美术老师否认了臼井仪人的作品，但是，老师对作品的否认只是站在他的认知点上对作品的一种评价。甚至发展到最后，还要他退学。即便臼井仪人被老师打击到几乎丧失了信心，也不能否认，这个一度把他推向人生死角的老师，在美术这门学科中对他有所帮助。如果没有老师的教育，画画的基本功从何而来？

我们不能完全把梦想寄托在我们所受的教育上，但是有一点是毋庸置疑的：我们所受的教育、所学的知识启发我们去实现梦想，是启发，不是指向。

所以，我们任何时候都不要放弃接受教育，任何时候都不要觉得教育无用。在接受教育的过程中，我们可以接受墨守成规，也不要排斥灵光一现。对我们而言，这都可能指引我们实现梦想、走向成功。

3. 让爱你的人感到骄傲，是你梦想的原动力

我们能为爱我们的人做很多事情，但是想让他们为我们骄傲，捷径就是让自己优秀起来。而这又是相互依存的，你想让自己优秀，又少不了他们的爱，少不了他们留驻在你身上的目光，这恰恰就是促使你不断前进的动力。

我们总说未来是我们自己的，今天的努力不是为了别人而是为了自己。诚然，没有谁可以反驳这种说法，批评这样的说法是错误的，指责这样的说法只是无稽之谈。

因为这样的说法原本就是对的，没有谁否认这句话的正确性。

但是，在我们形成这样的认知前，我们完全可以撇开自己。我重视这个梦想，我想达成这个心愿，不是为了自己，而是为了我的家人，为了不辜负他们的爱，为了给他们增光，为了让他们以我为骄傲。

这不是可耻的事情。

甚至我觉得，这是很值得自豪的事情。

一个人出于爱，没把自己放在第一位，以为所爱的人争光为己任，那是无私，是爱，是很值得人敬佩的事情。不是一定要把自己放到第一位，要让自己成为自己梦想的主宰，好似这样才能体现我

们的个人价值，体现出我们的气节，那是很幼稚的想法。一个人的进步是可喜可贺的，我们需要刨根究底地挖掘他为什么会进步，是因为自己的觉醒还是受什么刺激、被别人所影响了吗？如果当真这样，是否有些主次不分了。毕竟这是好事，不是变坏，如果变得不好了，那么我们倒是应该追究一下源头，可以找出变化的缘由，从而可以更好地引导他，改变他。

为了让爱我们的人感到骄傲，我们有所改变，成就我们的梦想，这是很值得庆幸的事情。有的时候就是这样，我们不能简单地看一件事情，不能单纯地说我们为自己而活。从广义上讲，爱我们的人，也是我们的一部分。为了他们又有什么不可以呢？

为了让爱我们的人感到骄傲，这个理由绝对可以撑起我们的梦想，成为我们梦想的原动力。

他小时候很自卑。别的男孩在外面疯玩时，他则一个人躲在家里。在20世纪60年代末，女人们还时兴织毛衣做女红。无聊时，他就跟着母亲打毛线、做衣服，做出来的活儿，竟然比母亲做得还好。

高中毕业时，他报考了一所工艺美术学院，他创作的美术作品得到考官一致好评，却没有通过面试。

那年他才18岁，曾两次自杀，均被家人发现抢救了过来。见母亲哭得万分悲痛，他猛然醒来，怎么能让母亲如此绝望呢？

既然上不了大学，那就自学吧。从此，他开始了自己的艺术人生。

无数个日日夜夜，多少载寒来暑往，除了自学，还是自学，他竟然能在绘画、雕刻、泥人、工艺品制作等方面无师自通。他的作品开始受到外界的关注，多次在国内外评比中获奖。他成了不少厂商的设计总监，为他们设计的家具、珠宝和工艺品，独具匠心。2009 年年初，47 岁的他还成了福州一所工艺美术学院的客座教授，定期给那些学工艺美术的大学生们上实践课。

2001 年底，他所在的县城举办了一个蝴蝶标本展览。看着那些姿态各异的蝴蝶，他突然有了用红纸剪蝴蝶的念头。把自己关在屋里，手指被剪破了无数次，慢慢地，他的剪纸手艺逐渐提高，竟然能在一分钟内剪出 30 只形态各异的蝴蝶。

最初，他剪了两千多只没有雷同的蝴蝶，被中央电视台报道后，有人打电话来将他讥讽了一顿："两千只有什么了不起的，厉害的话，你剪一万只出来给我看看。"

他不服气。凭什么我就不能剪出一万只蝴蝶？一个大胆的构想诞生——剪一万只蝴蝶，首尾相连地粘贴在一幅长卷上。这注定是个漫长而艰辛的创作历程。他在记忆中搜寻创作灵感，上网或到书店寻找样本，几乎跑遍了大半个中国，北京、上海、广州、天津、兰州……都留下了他临摹蝴蝶的身影。有了蝴蝶样本，剪刀红纸一阵翻飞，一只只活灵活现的蝴蝶就神奇般地诞生了。

整整 5 年，他每天忙到凌晨三四点，每天只睡两三个小时，有时累得连从椅子上站起来的力气都没有。为了这个宏大的创作计划，他花光了积蓄，腰背落下毛病，消瘦了 10 公斤。

2006 年 10 月，这幅"巨制"横空出世，一万多只蝴蝶粘贴在一卷长 106 米、宽 0.73 米的图画纸上。当上海吉尼斯总部评审专家看到作品后，简直不敢相信自己的眼睛。

怎么才能精确地算出蝴蝶的数量呢？如果直接清点，估计几位专家会数晕过去。还是他想出了办法，让大家在每只蝴蝶上放一粒黄豆，待所有蝴蝶上都放了黄豆后，再把黄豆集中起来。数黄豆就容易多了。

1 粒、2 粒、3 粒……11999 粒、12000 粒！12000 只手工剪纸蝴蝶，"世界之最"诞生了！

2007 年 6 月，上海大世界吉尼斯总部给他颁发"大世界吉尼斯之最"证书，确认他的剪纸作品《万蝶图》为"世界上数量最多的蝴蝶剪纸作品"。他被誉为"蝴蝶王"。那位曾经嘲讽过他的人，打来电话道歉，佩服他的勇气与艺术精神。

2010 年年初，他得知上海世博会将设立一个"生命阳光馆"，正在征集一些个人艺术作品，他坐不住了，觉得自己应该有作品参展。他仍选定为剪纸蝴蝶。

世博会也是艺术盛会。要入选世博，就不能仅仅如《万蝶图》那样以数量取胜，更要以艺术取胜。因场地所限，他选择只剪 99 只，但蝶形要比《万蝶图》大而丰富。

这注定又是一个艰辛的创作过程。

一次，他见街上一漂亮女孩的裙摆图案可以做蝴蝶样本，便痴痴地跟着女孩，盯着她的裙子看。女孩以为他要流氓遂报警。他被带到派出所，经过一番解释才消除了误会。3 个月后，承载着他世博梦想的剪纸作品问世，取名为《蝴蝶梦》。5 月，《蝴蝶梦》被世博会组委会列为"生命阳光馆"展品。

2010 年 6 月 28 日，在上海世博会"生命阳光馆"里，一幅长 18 米的长卷徐徐展开，99 只蝴蝶形态各异，栩栩如生，美妙绝伦，似乎要展翅欲飞，它们没有哪两只是一样的。

记者前来采访他，但问了几遍，他都没有反应，而是微笑地看着记者。工作人员忙告诉记者："他是位失聪的残疾人，如果没有佩戴助听器并大声和他说话，他是听不到的。"

原来，在他8岁那年，生了一场病，致使双耳失聪。母亲鼓励他，让他凭借那些熟悉的声音还在记忆中没有消失时，坚持与人说话，因此他才没有丧失说话的能力。

他就是作品两次问鼎吉尼斯世界之最，家住福建沙县的民间艺术家周建波。

周建波说："残疾人走的路很艰辛，但是，如果你真的付出了，成功不会因你有缺陷而远离你。"

周建波的事迹告诉我们，他的成功离不开母亲的默默付出。如果没有母亲的鼓励，8岁的一场病除了让他双耳失聪之外，还会逐渐剥夺了他的说话能力。他自杀，如果没有母亲的痛不欲生，他怎么会浴火重生，成就另一个自己？

在一个人的生命里，总会牵扯到很多爱你的人和你爱的人。我们不能舍去他们，他们也不会轻易放弃我们。这些人就是支撑我们梦想的最初动力，在我们实现梦想的过程中或多或少地起了一定的作用。用爱激励我们，用爱抚平我们的伤口。

再理性的人骨子里其实也是感性的，我们渴望被人爱着，享受这份感情的同时，也会努力回报爱着我们的人。

我们能为爱我们的人做很多事情，但是想让他们为我们骄傲，捷径就是让自己优秀起来。而这又是相互依存的，你想让自己优秀，又少不了他们的爱，少不了他们留驻在你身上的目光，这恰恰就是促使你不断前进的动力。所以，我们要学会珍视爱，要让自己明白：让爱你的人感到骄傲，是你梦想的原动力。

4. 为了实现梦想，你不妨对自己狠点儿

梦想就在那摆着，要不要继续追逐往往取决于我们的一念之间。在这里，我必须提一句话——置之死地而后生。如果我们没有退路了，自然就会一心向前，给自己寻找新的生机。这是人的本性。但是我们为什么要等到没有退路的时候，才有这样的觉悟呢？为什么不能对自己狠一点，不让自己看身后，眼睛直看前面呢？

有的时候，错失梦想，不是因为我们不够优秀，不是因为梦想太遥远，恰恰是因为我们身后还有退路。它会在我们遇到困难的时候告诉我们：大不了就放弃，反正又不会饿肚子。它会在我们犹豫不决、不知道要不要继续下去的时候告诉我们：这不是自找烦恼吗？有份工作就成了，梦想只是骗人的把戏罢了。

瞧，我们身后的退路就是打败我们决心的罪魁祸首。

梦想就在那摆着，要不要继续追逐往往取决于我们的一念之间。在这里，我必须提一句话——置之死地而后生。如果我们没有退路了，自然就会一心向前，给自己寻找新的生机。这是人的本性。但是我们为什么要等到没有退路的时候，才有这样的觉悟呢？为什么不能对自己狠一点，不让自己看身后，眼睛直看前面呢？

就像小 S 当年的减肥信条一样：要么瘦，要么死。不要给自己

多余的理由和借口，我们的梦想是什么，就向着梦想去做。

1989 年的一个秋夜，加利福尼亚州。45 岁的斯科特·麦格雷戈正在家庭电脑上工作。抬起疲倦的双眼，厨房那边他 10 岁的孪生子克里斯和特拉维斯以及妻子黛安娜映入他的眼帘，他们正在为买牛奶数着的分币。

麦格雷戈自觉惭愧。他走进厨房，对他们说："我不再干了，明天就出去找个工作。"

"爸爸，你现在不能停下。"特拉维斯马上反对，克里斯也接上一句："你都快成功了。"

两年前，为了追寻自己的梦想，麦格雷戈放弃了咨询顾问的安逸职位。他原在一家公司工作，那家公司专门向机场和旅店的出差人员出租折叠式手持电话。但是，这些电话却无法对每次通话分别记账，没有账单，有些公司就不让雇员报销。所以，他们需要在电话中置入一片电脑集成电路板，以便对每次通话分别记账。

麦格雷戈知道自己的想法一定能成功。在家人的支持下，他开始与投资者接洽。然而，这项冒险事业似乎无路可走了。

1990 年 3 月的一个星期五，麦格雷戈的冒险生涯跌入了谷底。那天，物业管理公司的代理人敲响了他家的大门，如果麦格雷戈一家不能在星期一之前缴纳房租，他们就得住到街上去。

走投无路的麦格雷戈整个周末都在给投资者打电话，直到星期日晚上 11 点，一个投资者终于答应开张支票给他。麦格雷戈用这笔钱付了房租，还雇了一名顾问工程师。几星期后，工程师认为麦格雷戈设想的系统根本无法实现。"再试试。"麦格雷戈说。1991 年 5月，这家人再次面临财政危机。麦格雷戈给电信业执牛耳者——南方贝尔公司打了个电话，总经理问他："6月24日前能拿出一个样品吗？"麦格雷戈想起了唱反调的工程师和铺满工作台的元部件："当然。"他希望自己的声音听起来充满信心。

他立刻打电话找他的大儿子格雷格。当时，格雷格正在大学里主修计算机。麦格雷戈跟他说了这次面临的严峻挑战。格雷格开始了一天18小时的工作。他要发明一种能击败所有专家的自动电路板，这是一个棘手的问题。他必须发明一个记账系统，这个系统要把会计信用卡和计时软件与一个能确定通话双方各自位置的网络结合起来，并置于一块指甲盖大小的芯片上。6月23日，麦格雷戈和格雷格带着未经测试的样品飞往亚特兰大。

麦格雷戈将他22岁的儿子介绍给南方贝尔公司总经理后，格雷格将样品话机递给了他母亲。"妈妈，试一下。"他母亲往话机里塞了一张信用卡，然后拨了个电话，一切都那么顺利。随后，格雷格递给贝尔公司工作人员一张完整无缺的打印单据。

今年，麦格雷戈家族公司所属移动电话公司已是一家价值数百万美元的行业领头人。回想起那段似乎失败已成定局的日子，斯科特·麦格雷戈怀着发自内心的骄傲谈到他的妻子和孩子："我们经受住了考验，我们全家都很坚强。"

如果麦格雷戈没有走投无路，我不知道他会不会给格雷格打这个电话，也不知道格雷格会不会坚持一天工作18个小时。所以我认为他们的成功在一定程度上应该感谢走投无路的处境。

没有迫切地急于等待每个结果的时候，人都看不到自己的潜能，觉得自己是完不成自己的梦想的，那些梦想只适合比自己更聪明、更厉害的人来实现。自己却因为害怕一而再、再而三的失败，因为

把梦想交给自己来实现

害怕投入的精力无从回报，就会慢慢脱离梦想，开始淹没在随波逐流的人流中，不知道自己是谁，不知道希望在哪儿，只能日复一日地老去。永远都不会知道，激活潜能后，原来自己也可以这么厉害！

是的，你也可以很厉害。但使你的厉害是个隐形高手，必须要你对自己足够狠的时候，才会现身。所以，在通往梦想的路上，不要给自己太多的理由，我必须要做什么，我三个月内必须做到哪一步，少睡两个小时怎么啦？多尝试一次失败怎么啦？面对嘲笑又怎么啦？

当你对自己狠了的时候，外界对你的狠都算不了什么了，斗志自然也就出现了。

为了实现梦想，不妨对自己狠点。

5. 有梦想的人，才会有明确的人生奋斗方向

对于我们每个人来说，梦想都太重要了，只有那些有梦想的人，才会有明确的人生奋斗方向，才能勇往直前、所向披靡。

我们固守"成功"这个词，其实成功是什么？无非就是你的理想是什么，你达成了你的理想，这就表明你成功了。

所以在"成功"之前，我们最先要考虑的不是如何成功，而是你想成为什么样的人，我们要做的就是朝这个方向努力。

这就是我们人生的奋斗方向，是我们一辈子奋斗的动力。

我看过一个故事。

年仅9岁的孩子吉姆看了一本童话，里面讲述了一个想在水上绘画的孩子，童话里他取得了成功，赢得了大家的尊重和认可。

吉姆自幼喜欢绘画，曾经在田野里信手涂鸦，他在田野里画了一幅3公里长的画，被当地的老师誉为绘画天才，而当他将这则故事告诉父母、亲人和老师，并表示要在水上绘画时，大家纷纷摇头表示反对。水上怎么可能绘画，这简直就像是天方夜谭般的神话。

吉姆却认真起来。在父亲的鼓励下，他来到湖水边上，他挥着彩笔一蹴而就，湖水留下一片波纹后，彩色化为乌有，他怔了半晌后，突然间放声大哭起来，童话与现实之间的反差太大了。

吉姆 13 岁时，到纽约的一所美术学院深造，他将这个问题问老师时，老师也不置可否，不过，他给吉姆提了醒，说水上是不能够作画的，但可以在冰上画，纽约的冬天到处都是湖冰，可以在那上面画出最精彩的画。

14 岁那年，他向大家宣布：要在贝加尔湖上画出世界上最大、最长的一幅画。

这则消息颇有些振奋人心，也吸引了众多同学的注意力。

但征途并非一帆风顺，第一幅画完成一半时，冰突然出现了裂缝，险些让他葬身鱼腹与冰海，他为此痛哭流涕。

第二幅画在他 16 岁那年开始制作，那一年，贝加尔湖的冬天十分寒冷，他约了诸多同学们，星夜兼程，废寝忘食，但在画作基本上完成时，一伙土匪袭击了他们，他们不仅糟蹋了画作，还将他们劫进了一座山洞里，幸运的是，歹徒在抢光了他们身上的钱财后，并没有杀害他们，而是将他们扔在了冰天雪地里。

这样的梦想一直激励着吉姆，沉重的打击并没有使他颓废，相反，他坚定了信心，要在冰层上制作出一幅让世界刮目相看的画作。

时间来到了 2010 年 8 月，这一次他没有让世界失望，他在贝加尔湖上创作了一个面积达 23.31 平方公里的巨型几何图形，他也打破了他本人于 2009 年创造的世界最大艺术品纪录。

人生就是一面大型的画布，每个人都在上面尽情渲染着自己的激情和梦想，只要我们永不停歇，奋勇向前，我们就一定会像吉姆一样，绘出一幅绵延一生的巨幅画作。

每个人的梦想都是不一样的，吉姆的梦想是在水上作画，从小到大，在水上作画成了他永恒不变的奋斗方向。虽然几经失败，但梦想指引了他的奋斗方向，最终他成功了！

如果，我们每个人都有我们的奋斗方向，在不懈的努力下，假以时日，一定也会如吉姆一样，取得成功的。

因为梦想是固定的，你向前一步，就会离梦想近一步。你需要的只是确定梦想，找准梦想的方向，再持之以恒地走下去。

台湾著名出版商郝明义在他的励志著作中，曾经提到过这样一件事："有一年，我在马来西亚的一个小岛上游泳，游着游着，海底一下子变得昏暗模糊起来，我觉得越游离岸越远——我双手发软，无力继续划动，所以游泳动作的节奏都已乱掉。"

在那个生死攸关的时刻，两个信念支撑着他游了下去。"一是我坚信自己的方向，不可能越游离岸越远；二是我要保持顺畅的呼吸，不要呛到水。"

游回岸边获救之后，他忽然悟出了受用一生的生存哲理：只要方向没错，就要相信通过自己的努力，一定可以达到目标。

郝明义游泳的时候，当海底变得昏暗模糊起来，此时，如果自己慌乱了、紧张了，势必会加速能量的消耗，那么就坚持不到最后了。如果自己自暴自弃，觉得前景堪忧而率先放弃了，那么就更没有任何生还的机会。他凭借对生的渴望，坚信自己的方向，又努力抑制了心态，尽量保持顺畅的呼吸，从而给了自己再生的机会。

这说明了什么？

说明方向的重要性。在茫茫人海中行走的人，和在海底迷路的人有什么差别？如果不知道自己的奋斗方向是什么，那么接下去你要游到什么方向？杂乱无章地扑腾，能给自己带来多大的信念和动力？在这样的情况下，还有几成生还的机会？

所以，对于我们每个人来说，梦想太重要了，只有那些有梦想的人，才会有明确的人生奋斗方向，才能勇往直前、所向披靡。

6. 现在不去努力，你的梦想以后就没机会实现了

站在梦想的赛道上，心无旁骛，坚忍不拔，奋勇向前，矢志不渝，我们就一定能梦想成真，登上成功之巅，笑迎人生的灿烂与辉煌。

我们都是活在今天的人。没有人知道明天会发生什么，明天对所有人而言都只是一个未知数。除了在未知中种植一个梦想之外，我们无能为力。

我们能决定、能计划的只有今天，只有此时。如果我们不珍惜现在，做不好现在的自己，仅仅把希望寄托在明天、将来，那只是自己对自己的搪塞，是非常可悲的。

梦想最大的价值不是存在，而是去实现。实现也不是一朝一夕的事情，得靠日常的积累与努力。

如果现在不努力，以后又凭什么实现梦想？有句话是怎么说的？台上一分钟，台下十年功。没有平日兢兢业业的努力，台上靠什么去淋漓尽致地发挥？这个世界其实是很公平的，每个人其实都有机会，只是，有些人在机会来临的时候，勇敢地伸出了手，并且有能力抓住它。有些人在机会来临的时候却迟疑了，因为他不自信，他不知道自己有没有这个能力抓住它。为什么不自信？因为平时努力

得不够，底气不足。

机会是不等人的，我们不能指望机会到了我们眼前的时候，我们再把自己欠缺的补上去。我们能做的是尽早做好准备，只要机会一出现就伸手抓住它。所以一个人是否能够达成梦想，最主要的不是有没有让你达成梦想的机会。这个机会固然重要，但是更重要的是，你做好机会来临前的准备了吗？你是否有着努力去实现梦想的行动。

我们要的不是积极地想，而是努力地做！

一个美国女孩，1984年生于美国明尼苏达州，从小就十分迷恋冰雪，7岁时开始学滑雪，并很快展露出过人的天赋，于是，她梦想成为一名世界级的滑雪选手；13岁时，为了拥有更好的滑雪训练环境，她家从明尼苏达州搬到科罗拉多州；14岁时，她已经成为全世界最优秀的少年滑雪运动员之一；16岁时，她入选美国国家队。

不幸的是，在2003年，她的父母离异了。但她仍然坚持在滑雪赛场训练。她说："我专注于自己的滑雪事业，每周练习六天。我似乎在紧绷的神经上滑行。"2004年1月，她首次站上世界杯的领奖台，当年12月又首次获得世界杯分站赛冠军。但在2005年意大利博尔米奥举行的世锦赛上，她却与奖牌无缘。2006年都灵冬奥会，她也是最大夺冠热门。然而就在比赛开始前两天，她在以112公里每小时的速度训练时摔倒。她忍着背部和骨盆的伤痛参加了四项比赛，但均与奖牌无缘。

2009年2月9日，她在法国高山滑雪世锦赛上夺得两金，却在开香槟庆祝时伤到了右手拇指，险些被截肢。12月在加拿大举行的世界杯分站赛上，她获得速降赛冠军，但膝盖撞到下巴上，舌头被垫破了，嘴角鲜血淋漓。同月28日，她在奥地利林茨参加大回转比赛时滑雪板被凸起的雪块硌了一下，人整个飞了起来，然后重重地摔在雪面上，左手腕骨严重瘀伤。

她摔得那么重，膝盖撕裂都是很有可能的。所以刚开始听医生说她的胳膊断了时，她的丈夫托马斯·沃恩还松了一口气。而她听到消息后马上就问医生，自己怎样才能拖着断了的胳膊继续滑雪。一般的滑雪运动员受伤后都要好几个月甚至数年才能恢复，而她连一声叹息都没有，丈夫称她真是特殊材料打造的。

就这样，她在2009年赛季中获得七项世界杯冠军，包括速降项目的全部五项赛事。她还连续三个赛季夺得世界杯总冠军。然而就在2010年2月12日开始的温哥华冬奥会开幕前夕，她在奥地利的一次训练中右腿胫骨受伤，整整一个星期不能训练。这让她的心理和身体都承受了巨大的压力和痛苦。高山滑雪的速度高达每小时120公里，相当于一辆汽车在高速公路上奔驰，这样的高速对运动员的胫骨冲击非常大，赛前曾一度传出这位夺冠热门要退赛的消息。而冬奥会赛场上这条从起点到终点落差770米、全长2939米、号称世界难度最大的赛道让那些怀揣着奥运梦想的运动员们望而却步。

再遭伤病的她，生怕发现自己的胫骨骨裂，从而影响比赛，于是她强忍伤痛，拒绝接受X光检测。丈夫也支持和鼓励她坚定信心重返赛场。幸运的是，比赛地惠斯勒山区在赛前几天雨雪不断，高山速降的训练和比赛被接连推迟，她因而得到了宝贵的疗伤时间。

2010年2月17日，她又一次站在冬奥会高山速降的赛场上，伤病曾无数次宣判她的"死刑"，对手曾无数次将她挫败，但她又一次勇敢地站了起来。这个没有被命运眷顾的女孩就像当年的美国"飞鱼"菲尔普斯一样，用自己的天赋和努力吸引了全世界的目光。

出发令一响，她就急速飞出，像一只矫健的海燕，在白皑皑的雪山盘旋翱翔。从比赛的一开始她就显出优势，并一直将优势保持到终点，她又一次战胜了自己，以1分44秒19的成绩摘得桂冠，傲视群芳，成为历史上第一个获得该项目金牌的美国女运动员。

她就是有"冬奥会第一美女"之称的美国选手林赛·沃恩。

"为了得到这个冠军，我等了四年，这四年时间里，我一直在为这枚金牌努力着，现在我是最幸福的人。"夺冠后的沃恩激动得哭了，"伤病对我的确有影响，但我一站在场上，就不会考虑其他任何因素，毕竟我要为我的汗水和之前所做的努力负责。"

眼下，林赛·沃恩职业生涯的世界杯冠军数已达31个，在美国滑雪运动员中仅次于32次夺冠的伯德·米勒。

2011年2月8日，素有"体坛奥斯卡"之誉的2011年劳伦斯世界体育奖颁奖典礼在阿联酋的阿布扎比举行，林赛·沃恩击败三位网坛明星小威廉姆斯、克里斯特尔斯和沃兹尼亚奇，首度获得"年度最佳女运动员"这一殊荣。

站在梦想的赛道上，心无旁骛，坚忍不拔，奋勇向前，矢志不渝，我们就一定能梦想成真，登上成功之巅，笑迎人生的灿烂与辉煌。

林赛·沃恩的做法很多人并不认同，觉得她太拼了，觉得她太看重梦想，却轻贱了自己的身体。

但是不管你如何想，林赛·沃恩以她拼搏的方式，完美地实现了自己的梦想。这是很多运动员梦寐以求，却又做不到的。

这是冲动吗？不是！这是她对梦想的执着与尊重。她一直很明白一件事：自己的伤痛不能让时间定格，这是一场和时间的比赛。你停滞不前，时间还是会潇洒地前行。你现在不努力去实现自己的梦想，还期望时间留给你机会吗？

就这是最最冷酷的真相。

梦想现在不努力去实现，以后就没有机会了。

所以展望未来，憧憬梦想都是虚无缥缈的东西，这些不能给我们带来实质性的帮助。我们要做的，不是想象，而是让自己的整个人动起来，除了大脑，还有四肢，还有为梦想全身心的投入。

我们活着的每一天都不应该松懈，都应该努力。这种努力不是三分钟热度，不是浅尝辄止，而是心无旁骛、奋勇向前。我们要用我们的行动、我们的意志努力达成我们的梦想。要谨记：梦想现在不努力去实现，以后就没有机会了。

把梦想交给自己来实现

7. 行动，唯有行动者才能实现梦想

即便梦想再美好，不付诸行动，只不过就是坐在躺椅上做的一个悠长的梦，睁开眼什么都没有。要想美梦成真，最重要的不是躺着想象，而是行动起来。行动，唯有行动者才能实现梦想。

梦想是美好的果子。但是我们都知道，一颗果子成熟不是一朝一夕的事情，需要灌溉，需要施肥，需要浇水，需要精心呵护。这样它从慢悠悠地从发芽成长，开了花，再结了果。

我们都知道这个过程，但是，一般人总会被这个漫长的过程击垮。灌溉的时候想少浇两次水应该也没有太大关系吧？除草的时候想，少拔两根草有什么关系呢！日复一日、年复一年，惰性滋长，哪一天心血来潮地再去观望的时候，果子，哪里还有什么果子呀？这个时候后悔也没用了。

即便梦想再美好，不付诸行动，只不过就是坐在躺椅上做的一个悠长的梦，睁开眼什么都没有。要想美梦成真，最重要的，不是躺着想象，而是行动起来。行动，唯有行动者才能实现梦想。

有一个故事。

一位名叫希瓦勒的乡村邮递员，每天徒步奔走在各个村庄之间。有一天，他在崎岖的山路上被一块石头绊倒了。他发现，绊倒他的

石头样子十分奇特。他拾起那块石头，左看右看，有些爱不释手了。

于是，他把那块石头放进自己的邮包里。村子里的人们看到他的邮包里除了信件之外，还有一块沉重的石头，都感到很奇怪，便好意地对他说："把它扔了吧！你还要走那么多路，这可是一个不小的负担。"

他取出那块石头，炫耀地说："你们看，有谁见过这样美丽的石头？"

人们都笑了："这样的石头山上到处都是，够你捡一辈子的。"

回到家里，他突然产生一个念头，如果用这些美丽的石头建造一座城堡，那将是多么美丽啊！

于是，他每天在送信的途中都会找到几块好看的石头，不久，他便收集了一大堆。但离建造城堡的数量还远远不够。

于是，他开始推着独轮车送信，只要发现中意的石头，就会放在独轮车上。

此后，他再也没有过过一天安闲的日子。白天他是一个邮差和一个运输石头的苦力；晚上他又是一个建筑师。他按照自己天马行空的想象来构造自己的城堡。

所有的人都感到不可思议，认为他的大脑出了问题。

二十多年以后，在他偏僻的住处，出现了许多错落有致、风格各异的城堡，当地人都知道有这样一个性格偏执、沉默不语的邮差，在干一些如同小孩子建筑沙堡的游戏。

1905年，法国一家报社的记者偶然发现了这座城堡群，这里的风景和城堡的建造格局令他慨叹不已。为此写了一篇介绍希瓦勒的文章。文章刊出后，希瓦勒迅速成为新闻人物。许多人都慕名前来参观，连当时最有声望的大师级人物毕加索也专程参观了他的建筑。

现在这个城堡已成为法国最著名的风景旅游点，它的名字叫作"邮递员希瓦勒之理想宫"。

在城堡的石块上，希瓦勒当年刻下的一些话还清晰可见，有一句就刻在入口处的一块石头上："我想知道一块有了愿望的石头能走多远。"

据说，这就是那块当年绊倒过希瓦勒的第一块石头。

在成为城堡之前，石头只是石头。这些在普通人眼里平凡无奇的石头，在希瓦勒的眼里却异常美丽。

但是如果只觉得美丽，却不去收集的话，再美丽的石头也只能躺在它们原本躺着的地方，做着石头梦。石头还是那块石头，希瓦勒还是那个乡村邮递员。

希瓦勒深谙其理，他深知行动的重要性，所以在旁人质疑的眼光中行动了起来，最终实现了他的梦想。

那么，我们的梦想呢？

即便我们有很好的眼光，找到了最适合自己的梦想，但是只是抱着梦想日复一日的想象，那和没有梦想又有什么区别呢？

梦想只是给我们指引了方向，它的魅力在于给我们描绘了一幅美妙的画，诱惑我们向这个美景走过去。梦想是否能达成，重要的不是梦想有多美好，而是你有没有行动起来，有没有把脚步跨出去？

很多时候，梦想没有达成，不是梦想太遥远，而是因为我们没有迈开腿。

我一直记得下面这则小影评。

很喜欢一部电影，名字叫《飞屋环游记》，讲的是一对夫妇计划去一个叫作梦幻瀑布的地方。他们有一个存钱罐，说好了，等存钱罐满了，他们就出发。

但是日子总没有像他们计划的那样，汽车要维修、房子在漏水、孩子要上学，他们被迫一次又一次地用到这笔积蓄，一次又一次地拖延出发的时间。最后有一天，老太婆过世了，老头子一个人待在这个空荡荡的房子里，变得孤僻起来，不愿与人接触。

如果不是房地产拆迁队威胁要拆掉这所老房子，如果不是政府派人来准备将他送到养老院，老头子不会爆发出这么疯狂的行动——

他在房子上面绑上成千上万个气球，在一天早上大喊一声，他的房子忽地飞起来了！他驾驶着气球房子，穿过雷电，飞往梦幻瀑布。

那是多么壮观的一幕啊！五颜六色的气球拽着一整幢房子在空中飞行，去实现妻子和他共同的梦想……

当他这辈子身体最糟糕、财务最贫穷的时候，他却开始了自己走向梦想的旅行，当房子腾空而起的，才发现原来无须等待存多少钱，自己早可以上路。

这就是《飞屋环游记》，看后每个人都有自己的想法。在豆瓣的影评上我看到了来自观众内心的各种声音，有说爱情的、有说房子、有谈梦想的，还有谈年龄老去的。但给我感触最深的是：与其等待，不如尝试去做你一直想做的事情。

我很喜欢最后那句话："与其等待，不如尝试去做你一直想做的事情。"

你看，很多时候，不是梦想太难，只是我们被自己的借口阻挡了自己的脚步。我们不要等到迟暮的时候再发现这个真相，趁着现在年轻，勇敢地把脚步跨出去。

窝着不动是没有希望的，只要动起来，面包会有的，牛奶会有的。

有一个真理：行动，唯有行动者能实现梦想。

第四章

你的努力，都是为了实现梦想

　　我们都在为实现梦想而奋斗着。在奋斗过程中，我们不可避免地会遇到困难，会感到无奈、无助、孤独，甚至绝望，但这些都是我们必须经历的考验。此时，我们需要一颗强大的心，需要时刻提醒自己：你的努力，都是为了实现梦想，这点痛算什么，至少我们还有梦。

1. 举手就能实现的梦想，是无法让你体验到成就感的

我们的目标不要定得太低。我们需要的不是梦想速成，而是能更好地体现自己的价值。人生虽然短暂，但是不要快餐。我们要尽量发挥自己的优势，在安逸和拼搏之间，给自己一个与命运博弈的机会。这样才不枉来人世一场，有期待，才有激情。在梦想实现的那一刻，才会有汹涌澎湃的成就感。

如果梦想触手可及，可能会让你愉悦，但是却无法让你体验到成就感了。我们打个比方，比如上班的时候你突然想今天晚餐吃火锅，你在火锅店订了桌，下班后果真吃了一顿梦寐以求的火锅，心情肯定是相当愉悦的，但是，这种愉悦和成就感是完全沾不上边的。

因为那不需要你付出什么努力。

一顿火锅不会让你的钱包明显地瘪下去，订个座位也只是一个电话的问题。不会产生竞争，完全不具有阻力，更谈不上困难。

我说这个事例只是想说明，不需要努力就能达成的梦想，能让我们愉悦，但是这种愉悦是有限的，还不够支撑我们整个人生的幸福。

所以，我们的目标不要定得太低。我们需要的不是梦想速成，而是能更好地体现自己的价值。人生虽然短暂，但是不要快餐。我

们要尽量发挥自己的优势，在安逸和拼搏之间，给自己一个与命运博弈的机会。这样才不枉来人世一遭，有期待，才有激情。在梦想实现的那一刻，才会有汹涌澎湃的成就感。

人生有这样的一段经历，比触手可及的梦想要丰满很多。

我们来读一则勇敢人士的故事：

他出生于美国迈阿密的一个贫困社区，放学后，经常一个人待在家里，为了打发寂寞，他就打开收音机听广播，渐渐地，他喜欢上了一档音乐栏目，那是一档介绍各种流行音乐的节目，他不但喜欢那里播放的那些音乐，而且喜欢上了主持人那带有磁性的声音，喜欢上了他幽默风趣的主持风格，慢慢地，他也在心中萌生了当一个音乐节目主持人的愿望。

17岁那年，和所有同龄人一样，他也面临着找工作的问题，他有个叔父，在田纳西州经营一家公司，家里人打算让他到叔父那里去工作，他的叔父也表示会培养他，但当家里人向他提起这件事的时候，他却不同意去，"那你要做什么？"家里人问。"我要当电台音乐节目主持人！"他说。家里人一听，就告诉他那很不现实，一个连大学都没上过的人，怎么可能进入电台做节目主持人？还是及早打消这个念头吧。

他没有听从家里人的建议，两天以后，他来到迈阿密的一家电台，找到了台长，向台长说明了自己想当主持人的愿望，台长听他讲完，对他说："小伙子，我们现在没有招主持人的计划，以后如果有的话，再考虑你吧。"其实这只是台长对他说的一句安慰话，却给了他极大的鼓舞，他想，如果以后电台招聘节目主持人的话，台长一定会让自己进电台工作的。

他想，虽然现在不能进电台工作，但也要找一个离电台近些和电台有关的工作，那样将来进入电台的机会才能更大些，于是，他在离电台不远的一家印刷厂找到了一份当印刷工的工作，这家印刷厂，是电台下属的报社办的一个厂子，他在这个岗位上干得很认真，对工作非常负责任，通过不断学习，对于排版等流程都能熟练掌握，有几回，他发现了在待排的稿子上的错误，并认真地指了出来，得到了经理的赏识，后来就把他调到了办公室做专职的校对工作，一年以后，经过一个熟悉的编辑推荐，他被调到了报社做校对工作，他在这个工作岗位上做了两年半，这两年半中，他每天抓紧时间读书学习，文章写得越来越好，终于有一天，从校对变成了编辑，在他做编辑的一年之后，电台方面的文字编辑有事离职，报社经理就向电台推荐了他，就这样，他走进了多年前一直梦想着走进的电台。

他在做电台编辑的时候同样兢兢业业，而且悄悄利用各种机会学习音乐节目主持工作，等待着机会来临的时候一飞冲天。机会终于来了，那是在他进入电台的三个月以后的一天，电台台长找他谈工作，台长显然已经不记得几年前的事了，于是，在谈完工作聊天的时候，他就提起了几年前曾来找工作的事，台长回忆起了那件事，并感动于他的执着精神，半年以后，台里准备开播一个关于摇滚乐的音乐节目，而且打算用一个新的主持人来主持，台长自然就想到了他，节目开播那天，他坐到了直播间，心潮起伏不定，因为这是他多年的坚持得来的机会，他要牢牢抓住，他平静了一下自己的心绪，开始主持节目……那一次的节目获得了巨大成功，在听众中引起了极大反响，很多听众纷纷打电话到电台，谈他们对那次节目的感受，从那以后，他的主持事业开始起步，并在多年后成为一颗耀眼的明星，他就是美国著名的音乐节目主持人莱斯布朗。

莱斯布朗曾在一次节目中谈起了自己的成功经历，他深有感触地说："如果当初我选择到叔叔的公司里做事，我肯定不会吃这么多苦，应该很顺利地就能进入商界，成为财富的拥有者。但那不是我所想要的生活，不是我的梦想，所以我选择了到电台下属的一家小印刷厂当印刷工，并一步步地走到了主持人的岗位上，我之所以能成功，其实答案很简单，就是我始终站在离梦想最近的地方努力着！"

一个人走一条怎样的路，不是取决于别人给你铺垫了一条什么样的道路，而是取决于你决定走一条什么样的道路。

我们永远不要告诉别人"我原本也不想接受这份工作的，但是我的爸爸都给我安排好了，我也没办法"，这样的理由是很牵强的。当你接受了父母长辈安排的时候，潜意识中你已经放弃了对梦想的追求，已经认同了你即将要走的路。

我不会说父母长辈给我们铺设的道路是不适合我们的，相反，我觉得长辈给我们铺设的道路在一定程度上讲是最妥当的安排。基本都出于护子心态，不要讲风调雨顺、一帆风顺之类的，但至少是相对平坦的、不用经历大风大浪的。

只是要确定我们的一生就要以一种姿态存活吗？抓着触手可及的梦想，没有大喜也没有大悲，庸庸碌碌地走完我们的一辈子？

我们还年轻，还有足够的时间可以走一段弯路，为什么不趁着年轻出去试一下呢？当你跃到某种高度的时候，你可能就会发现触手可及的梦想太没有成就感了，那绝不是你想要的。

2. 实现梦想的道路不可能是直的

我们必须要有这样的认知，实现梦想的道路不可能是直的。只有认清了通往梦想的道路是崎岖不平的，才能在遇到阻碍的时候不慌乱。我们要走过去，而不是退回来。我们可以给自己缓冲的时间，可以允许自己摔倒，但是不能赖在地上不起来。

一个人想要取得大的成功，实现大的梦想，绝对不是"1 + 1 = 2"这么简单的事情。如果当真这么容易的话，也就不存在梦想之说了。

梦想之所以谓之梦想，肯定带有一丝做梦的情愫，多少是凌驾在脚踏实地、按部就班的生活之上的。

和现实有所脱轨，才有发展的空间。也正因为和现实跳跃性的距离才导致了若干不确定的因素。所以，我们不能一眼就确定距离梦想最近的距离。那需要摸索，需要一步步地去尝试。不要奢求通往梦想的道路是直的。无曲折无梦想。我们永远都不知道在下一个路口等待我们的是什么，但是有一点是肯定的，如果你放弃了梦想，那么，梦想肯定也会放弃你。

梦想没有对你绝对忠贞的理由！

我们必须要有这样的认知，实现梦想的道路不可能是直的。只有认清了通往梦想的道路是崎岖不平的，才能在遇到阻碍的时候不慌乱。我们要走过去，而不是退回来。我们可以给自己缓冲的时间，可以允许自己摔倒，但是不能赖在地上不起来。既然认清了这道路是曲折的，还有什么理由放弃呢？

1974 年冬季的某一天，华盛顿州立博物馆设计效果揭标仪式正在进行，3 个大牌的设计师联手与一名年仅 20 岁的年轻人同台角逐，大多数人认为：年轻人提出的理念新颖，概念广泛，充分展示了年轻一代的昂扬斗志和朝气蓬勃。但揭标的结果却令众人大跌眼镜，在 3 名大牌设计师的意料之中，年轻人未能获得最终的胜利，评审组一致认为他的设计缺乏人文理念，3 名大牌设计师联手设计的理念可以代表整个华盛顿的形象。

夜晚时分，华盛顿市最大的一家餐馆里，正在进行一场声势浩大的庆典，庆祝 3 名大牌设计师最终夺得博物馆的年终设计大奖，年轻人也被荣幸地邀请在列，但他没有参加，失败的阴影笼罩着他年轻的心扉，他绝望地要发疯。

他是个有朝气的设计师，由于设计华盛顿大学的礼堂而声名鹊起，一路走来，顺风顺水，夺得过许多大奖，但今天的失利使他在众人面前丢了脸，他甚至想到了自杀。

电话响了，是母亲的电话，她邀请他到一个咖啡厅里，说会给他一份惊喜。他如约而至，他好想扑到母亲怀里，向她倾诉一下失败后的感受与苦衷。当他推开咖啡厅的小门时，他见到母亲衣着华丽地在门口等着他，还有很多迎宾小姐，她们纷纷上前来向他献花，母亲的身后，瞬间出现了许多熟悉的面孔，有亲戚，有朋友，还有自己设计专业的老师们。

他一时间无语哽咽，不知道是喜还是悲。

母亲却突然说道："孩子，今天为你做一次失败庆典，你已经迎来了平生第一次失败，应该祝贺你，学会面对失败才能奋起直追，这是人生的必修课。"

那晚，他无疑是整场庆典的主角，他要感谢母亲，用这样的庆典告诉自己，失败不是丢脸，不是丧失尊严，而是人生中宝贵的财富。

这个叫鲍勃·罗杰斯的年轻人于1981年创立了BRC公司，BRC是世博会美国国家馆的专业设计公司，该公司先后参与了6届世博会美国国家馆的设计工作，鲍勃·罗杰斯因为工作业绩卓著，被授予美国主题娱乐协会终身成就奖。2010年，他担任上海世博会美国馆的总设计师，他用伟大的创意讲述了一个关于美国不朽创业精神的故事。

为失败做一次庆典，这需要多大的勇气、力量和智慧呀！

我们经常能看到别人实现梦想后的光鲜，却总会忽视光鲜背后的付出与努力。就像这个故事中的年轻人鲍勃·罗杰斯，我们只关注他的总设计师身份，却不曾了解他曾经挫败的惊慌与失落。

李嘉诚的成功很容易吗？马云的家喻户晓是与生俱来的吗？如果我们深度挖掘那些所谓的成功人士的背后的故事，我们也会在光芒之下，看到似曾相识的镜头。我们现在经历的只是那些成功人士经历过的某段过去罢了，他们能走过去，我们又有什么理由因为某些挫折就放弃我们的梦想呢？他们能从艰难的困境下走出来，达成所愿，为什么我们不行？

事实不是你不行，而是你还没有走到终点。你站立的地方，只是人生路上设卡的某块洼地，冲出来了，你就离你的目标更近了一步，冲不出来，你就只能待在洼地里苟延残喘。为什么冲不出来？不是洼地有多深，而是你不愿意奋起直追，竭尽全力地给自己一个一定要走出困境的理由。因为你累了，怕了，妥协了。然后自暴自弃地给自己一个暗示：这就是我的结局，我失败了，我没能实现我的梦想。

乔很爱音乐，尤其喜欢小提琴。在国内学习了一段时间之后，他想出国深造，把视线转到了国外，但是国外没一个认识的人，他到了那里如何生存呢？这些他当然也想过，但是为了实现自己的音乐之梦，他勇敢地踏出了国门。威尼斯是他的目的地，因为那里是音乐的故乡。这次出国的费用是家里辛辛苦苦凑出来的，但是学费与生活费是无论如何也拿不出来了。所以，他虽然来到了音乐之都，却只能站在大学的门外，因为他没有钱。他必须先到街头上靠拉琴卖艺来赚够自己的学费与生活费。

很幸运的是，乔在一家大型商场的附近找到一位为人不错的琴手，他们一起在那里拉琴。这个地理位置比较优越，他们挣到了很多钱。

但是这些钱并没有让乔忘记自己的梦想。过了一段时日，乔赚够了自己必要的生活费与学费，就和那个琴手道别了。他要学习，要进入大学进修，要在音乐学府里拜师学艺，要和琴技高超的同学们互相切磋。乔将全部的时间和精力都倾注到提升音乐素养和琴艺之中。十年后，乔有一次路过那家大型商场，巧得很，他的老朋友——那个当初和他一起拉琴的伙伴，仍在那儿拉琴，表情一如往昔，脸上露着得意、满足与陶醉。

那个人也发现了乔，很高兴地停下拉琴的手，热情地说道："兄弟啊！好久没见啦！你现在在哪里拉琴啊？"

乔回答了一个很有名的音乐厅的名字，那个琴手疑惑地问道："那里也让流浪艺人拉琴吗？"乔没有说什么，只淡淡地笑着点了点头。

其实，十年后的乔，早已不是当年那个当街献艺的乔了，他已经是一位世界著名的音乐家了，经常应邀在著名的音乐厅中登台献艺，早就实现了自己的梦想。

我们的才华、我们的潜力、我们的前程，如果没有胆量的推动，很可能只是镜花水月。当梦醒来时，一切也就如愿了。

妥协的人还在原地踏步，不妥协的人已经成就了自己的梦想。乔之所以能昂头出入很有名的音乐厅，除了必备的实力外，还有一个不容置疑的原因是他的目标非常明确。他想要什么，必须得到什么，而不是被眼前虚假的成绩迷惑了双眼。

很多时候，一念之间，你妥协的不仅仅是你的梦想，而是你的整个人生！

其实，我们都知道实现梦想的道路不可能是直的，这条路上充满着坎坷，既然已经认同了道路的坎坷，为什么还要轻言放弃呢？

做勇敢的自己，不管道路有多崎岖，我们也要奔着梦想阔步向前走去。

3. 通向梦想的大路上，你必须勇闯一道道关

我们就是战胜磨难走向梦想的大英雄，有一天一定会在一个万众瞩目的情况下把我们的成功展示在世人面前。这时，我们才知道，梦想的实现不是偶然，它是由一个个磨难积累而成的，当磨难累积到一定数量的时候，它就会梦想成真。

每个人的梦想都不一样，但是实现梦想却是每个人都梦寐以求的美事一桩。

只是任何时候，我们都要记住，没有人一定要给予我们的梦想支持。追逐梦想只是我们个人的行为，有人鼓励，那是幸运；遭人嘲讽，那也是我们必经的磨难。

我们就是战胜磨难走向梦想的大英雄，有一天一定会在一个万众瞩目的情况下把我们的成功展示在世人面前。这时，我们才知道，梦想的实现不是偶然，它是由一个个磨难积累而成的，当磨难累积到一定数量的时候，它就会梦想成真。

就像我们打的游戏，通关了，梦想就达成了，但是在通关的过程中，我们必须勇敢地闯过一道道关口，和一个个大怪小怪，作生死搏击，不是他们倒下，就是我们倒下。只有坚持到最后的人才是真正的勇者。

所以我们不要抱怨生活为什么对我们这么苛刻，似乎一直在竭尽全力地阻止我们实现梦想。其实，生活只是在用它的方式告诉我们，梦想之所以美丽，就是因为来之不易。

我们都读过安徒生童话，却鲜少有人知道安徒生的故事。我们不妨一起来了解一下。

他是鞋匠的儿子。生活在社会最底层的他从小忍受着贫困与饥饿的煎熬以及富家子弟的奚落和嘲笑，但他是个爱做梦的孩子，梦想有朝一日能够通过个人努力摆脱穷困，成为一个受世人尊重的人。

没有人愿意跟他玩，他一天当中的大部分时间都把自己关在屋里，读书或者给他的玩具娃娃缝衣服，然后等待晚上父亲给他讲《一千零一夜》的故事，或者向父亲倾诉他想成为一名演员或作家的梦想。

他11岁时，父亲去世了，他的处境更加艰难了。14岁时，由于生活所迫，母亲要他去当裁缝工学徒。他哭着把他读过的许多出身贫寒的名人的故事讲给她听，哀求母亲允许他去哥本哈根，因为那里有著名的皇家剧院，他的表演天分也许会得到人们的赏识。他说："我梦想能成为一个名人，我知道要想出名就得先吃尽千辛万苦。"

1819年9月4日，14岁的他穿着一身土得掉渣的大人服装离开了故乡。由于家境贫寒，母亲实在筹不出什么东西可以让他带在身上，她唯一能做的就是花3个丹麦银元买通赶邮车的马夫，乞求他让儿子搭车前往哥本哈根。母亲看着年幼的儿子两手空空地远行，心痛而愧疚，不由得泪水长流。他反倒安慰母亲说："我并不是两手空空啊，我带着我的梦想远行，这才是最最重要的行李。妈妈，我会成功的！"就这样，一个14岁的穷孩子，两手空空地独自踏上了前往哥本哈根的寻梦之路。

也许上天注定了每个人的梦想之旅不会一帆风顺，他也一样。在哥本哈根，他依然无法摆脱别人的歧视，经常受到许多人的嘲笑，嘲笑他的脸像纸一样苍白，眼睛像青豆般细小，像个小丑。几经周折，他终于在皇家剧院得到了一个扮演侏儒的机会，他的名字第一次被印在了节目单上，望着那些铅印的字母，他兴奋得夜不能寐。

但幸福是短暂的，他后来扮演的角色无非是男仆、侍童、牧羊人等，他感觉自己成为大演员的希望越来越渺茫。于是，为了成为名人，他开始投身到写作中。他笔耕不辍，两年后，他的第一本小说集终于出版，但由于他是个无名小卒，书根本卖不出去。他试图把这本书敬献给当时的名人贝尔，却遭到讽刺和拒绝："如果您认为您应当对我有一点儿尊重的话，您只要放弃把您的书献给我的想法就够了。"

在哥本哈根，他的梦想之火一次又一次遭遇瓢泼冷水，人们嘲笑他是个"对梦想执着，但时运不济的可怜的鞋匠的儿子"，他一度抑郁甚至想到自杀。但每次在梦想之火濒于熄灭之际，他就会一遍又一遍地告诉自己："我并不是一无所有，至少我还有梦想，有梦，就有成功的希望！"

终于，在他来哥本哈根寻梦的第 15 个年头里，在经历过一次次刻骨铭心的失败后，29 岁的他以小说《即兴诗人》一举成名。紧接着，他出版了一本装帧朴素的小册子《讲给孩子们的童话》，里面有4 篇童话——《打火匣》《小克劳斯和大克劳斯》《豌豆上的公主》和《小意达的花儿》，奠定了他作为一名世界级童话作家的地位。

成名以后，安徒生受到了王公大臣的欢迎和世人的尊敬，他经常收到国王的邀请并被授予勋章，他终于可以自在地在他们面前读他写的故事而不用担心受到奚落了。但从他的童话中，我们仍可以看到他的影子，他就是《打火匣》里的那个士兵，就是那个能看出皇帝一丝不挂的小男孩，就是那只变成美丽天鹅的丑小鸭……

谁会想到，一个两手空空来繁华都市寻梦的穷孩子，最终会得到人生如此丰硕的回报？之所以如此，就是因为他有梦，而且在困难面前从不轻易熄灭梦想之火。

我们读他的童话的时候，肯定没有想过，在通往梦想的大路上，他也曾和命运博弈，而且博弈的经历让人唏嘘不已。

这就是梦想的真相。梦想是属于勇者的，你想要怀抱梦想，在通向梦想的大路上，你必须勇闯一道道关。不要寄希望于"或许"，或许我是不一样，或许命运会更眷顾我一些……

所以不要编织太多不切实际的想象，想象再美，也只是欺骗自己的一场把戏。年幼时把玩一下无伤大雅，但若长大了还这般一意孤行，那就有些冥顽不灵了。我们必须正视我们的梦想，摆正身姿，昂起头颅，挺起身板，在通往梦想的一个个卡口，斗志昂扬地接受挑战。

勇敢地闯关，才是对自己最大的尊重。你给予了自己信任，在再大的困难面前，也不轻言放弃，那是最大的自信。只有拥有这样的自信、这样的勇气，才能更为勇敢地搏击。

梦想不是轻易就能实现的，在通往梦想的大路上，你必须勇闯一道道关。

4. 唯有努力，你才能实现人生的梦想

努力就像大海里的船只，如果在大海上遭逢不测，你把船只放弃了，那么等同于你把所有的希望都放弃了。所以，不管遇到怎么样的风暴，不要轻易弃船而去。那是你驶向大海彼岸的最后希望，如果你把最后的希望都扼杀了，你还凭什么来实现梦想？

从我们牙牙学语开始，我们就和一个词紧紧地联系在了一起——努力！

努力地学习说话，努力地学习走路，努力地读书，努力地工作……我们都知道努力对我们人生的重要性。

我们打个比方吧。我们都受过学校的教育，我们读书的时候，都曾努力过，但是努力的程度、努力的时间却有着天壤之别。有些人从一而终，一开始就敬重学业，一直努力地追求最好、更好。有些人一开始没努力，某天顿悟了，开始努力了。有些人也努力过一段时间，但随后就发现即便自己努力了，还是不能进步，只能处在原有的位置徘徊。性子不急的还好，性子急躁的就不免有些垂头丧气了，既然无用还为什么要努力呢？然后有些人就从努力的群体中脱离了出来，成了颓废的人，放荡不羁，自暴自弃。

努力就像大海里的船只，如果在大海上遭逢不测，你把船只放

弃了，那么等同于你把所有的希望都放弃了。所以，不管遇到怎么样的风暴，不要轻易弃船而去。那是你驶向大海彼岸的最后希望，如果你把最后的希望都扼杀了，你还凭什么来实现梦想？

通往成功的路途是很遥远的，我们不知道在下一刻会遇到什么，只有怀有坚定的信念和意志，再凭借不言放弃的执着和努力，才能一步步走下去。

如果不再努力了，那么真的什么都没了。

22岁的麦吉刚从著名的耶鲁大学戏剧学院毕业，他聪明英俊，踢美式足球及演戏剧都表现突出，正是意气风发的好时光。

一天晚上，一辆18吨重的车从纽约第五大道第34街急速驶来……等麦吉醒来时，发现自己身在加护病房，左小腿已经截去！他问自己："难道就这样在轮椅上躺一辈子吗？你的人生只能如此了吗？"他使劲地摇了摇头。

麦吉立志要把自己锻炼成全世界最优秀的独腿人。在康复期间，麦吉饱受疼痛折磨，但凭着自己坚定的信念和意志，在失去左腿后不到1年，他便开始练习跑步。随后他又去参加了10公里赛跑，然后是纽约马拉松赛和波士顿马拉松赛——他的成绩打破了伤残人士组纪录，成为全世界跑得最快的独腿长跑运动员！

之后他进军"3项全能"：要一口气游泳3.85公里、骑脚踏车180公里、跑42公里的马拉松——这对只有一条腿的麦吉来说，无疑又是一个巨大的挑战。但他告诉自己，如果坚持不懈地去做，一定可以创造奇迹！

就在麦吉参加"3项全能运动比赛"时，骑着脚踏车以时速56公里疾驶、群众夹道欢呼之际，突然间，一辆黑色小货车朝他直冲

把梦想交给自己来实现

过去……其时，比赛场地周围的马路几乎全部已被封锁，几个未封锁的路口也有警察把守，不知何故，这辆小货车竟然闯了进来！

麦吉在之后回忆时提到，记得当时群众尖叫，然后自己的身体飞出了马路，一头撞在电灯杆上，颈椎"啪"的一声发出折裂的声音……

从此刻起，麦吉的四肢彻底瘫痪——那时的他才 30 岁！

上帝究竟是在考验他？还是戏弄他？麦吉一度近乎绝望。

但最终，他还是说服了自己："我还这么年轻，不想离开这个世界。"他想，"当然我也不想四肢瘫痪，但既然无法改变这事实，那就学会好好活下去。"

身体既然近乎死去，精神更应该好好活着。如果在精神上放弃了自己，那自己便是个真正的"废人"了。麦吉时刻不忘激励自己，人生最大的敌人并不一定是那些难题，而是"自己"，再大的困难也可以激发出生命的潜力，转化为前进的动力！

麦吉的四肢因颈椎折断而失去功能，但四肢尚有一点感觉，使他坐在轮椅上的身子可往前倾一点，手臂能稍做一些简单动作，双腿有时能抬起两三厘米。

在内心意念的激励下，麦吉进行了艰苦锻炼。终于，他能自己洗澡、穿衣服、吃饭，甚至能开经过特别改装的车子——在医生看来，这简直是一个奇迹！

医院对脊椎重伤病人的治疗，好似施行酷刑。他们会给麦吉装上头环：那是一个铜环，直接用螺钉装在颅骨上，然后把头环的金属撑条连接到夹在麦吉身体两侧的金属板上，以固定麦吉的脊椎。安装头环时只能局部麻醉，当医生将螺钉拧进麦吉的前额时，麦吉痛得直惨叫。

两个月后，头环折掉，麦吉被转送到一家康复中心。在他那层楼里，住的全是四肢或下身瘫痪的病人——原来有那么多人和自己命运相同！而眼前的处境也并不陌生，伤残、疼痛、失去活动能力、复健、耐心锻炼——所有这些他都曾经经历过。

于是，过去那顽强不屈、永不向命运低头的信念又回来了。麦吉对自己说："你是过来人，知道该怎样做。你要拼命锻炼，不怕苦，不气馁，一定要离开这鬼地方。"

麦吉重新恢复了往日的昂扬斗志，在其后几个月中，他的康复速度之快出乎所有人的预料：脖子折断之后 6 个月，他便重返社会，再次独立生活；大约又是 6 个月之后，他再一次出现在"3 项全能运动员大会"上，并发表了一篇激动人心的演说。

任厄运之神频频光顾自己，伤痛一再摧毁自己健全的身体、一再企图摧毁自己的意志，麦吉始终没有被眼前如高山一般的障碍所吓倒，因为在他的心中有一个英雄，每次在他危难的生死一瞬间便会提供给他强大的力量，给他无穷动力，这就是内在激励的强大动力。

没有比激励更能使自己永保信念的方法了，这是一种恒久的、时刻占据你心灵且指挥你行动的信念。

很多时候，一个人的成功与否，并不在意一个人究竟有多大的天赋，而在于他为此付出了多大的努力。

千万不要低估努力的重要性。如果麦吉不努力，他在 22 岁的时候，就只是一个坐在轮椅上的伤残人士，在此前强烈的对比之下，要么摔着东西抱怨命运的不公，要么大哭大闹地不要活了。跑得最快的独腿运动员，由于有坚定的信念，他成功了。

但是他是麦吉，他有他的坚持。即便再痛苦，他也没有放弃他的努力。即便有了冠军的头衔，他还是继续努力地追逐着他的人生梦，不愿停止。即便再碰到磨难，他还在顶着"奇迹"这个词站了起来。这份努力，与我们谓之的努力比较起来，有多远的距离？

我们都知道唯有努力，才能实现我们的人生梦想。在我们抱怨命运不公的时候，你敢说命运对麦吉很公平吗？你敢说你的努力已经到达了你的极限了吗？

梦想是我们的，想走什么样的路也是由我们自己决定的。任何时候我们都不要把我们的失败归之于外因，我们扪心自问一下，我们真的已经很努力、够努力了吗？唯有努力，才能实现我们的人生梦想，既然这样，我们就要畅快淋漓地努力。苦楚算什么，失败算什么，梦想在，希望就在；希望在，努力就在。

任何时候，我们都不要放弃努力！

5. 你有多努力，就决定你离梦想有多近

这个世界其实是很公平的，你想收获多少，就必须付出多少。你想最大限度地实现你的梦想，那么你就要最大限量地努力。

人类其实是带着积极的心态诞生的，明知道自己的最终结局是什么，但是还是勇敢地给自己设置了梦想，并且为了这个梦想而努力着。

所以我们都是带着满满的正能量的个体，但是并不是说充满正能量的个体就不能偶尔消极一下。这只是积极的心态下的一种细微的情绪波动。遇到某些很难缠的问题的时候一种正常的情绪反应。我们不能杜绝这种消极的出现，但是一定要控制它出现的频率和节奏。千万不能受到这种情绪的影响，被它所控制，否则我们的人生真的就没有出头之日了。

因为消极是扼杀希望的刽子手，会让人沉寂在黑暗里，看不到光亮。如果人变得消极了，那么努力就是过去式了。如果一个人的努力都没有了，又拿什么去实现梦想呢？

这里有一个和苹果有关的故事，它很好地阐述了消极、积极和努力之间的关系。

1963 年深秋的一天，在广岛纪念医院内，一个 28 岁的男子愁容

满面，虽然他的儿子降生了，但却没有给他带来幸福，因为这是一个头颅畸形的婴儿。医生忧虑地说，就算手术成功也会智能不足。

他心碎了，心想这种儿子不如不要，在手术时竟暗自祈祷手术失败。他曾一度想把奶水换成糖水，让自己的骨肉自然衰竭而死。然而，头颅残疾的婴儿偏偏极其顽强地存活了下来。

极度痛苦中，他想到了逃避，就一个人去非洲旅行。旅途经过一个沙漠时，一场风暴突如其来，他迷失了前进的方向。更可怕的是，他的水袋和面包也被风暴卷走了。这可怎么办？他顿时陷入恐慌之中。

翻遍身上所有的口袋。他突然仰天长叹："真是谢天谢地，我居然还有一个苹果！"握着这个苹果。他独自在沙漠中寻找出路。每当干渴、饥饿、疲乏袭来的时候，他就看一眼手中的苹果。可是，他舍不得吃，只用嘴唇舔一舔，就会立刻增加不少力量。

就这样，三天过去了，他终于走出了荒漠。然而，那个红色的苹果，他始终没曾咬过一口。由于干燥，手中的苹果都干缩了。他却像红宝石一般紧紧地攥在手里。他每时每刻都在告诉自己："我至少还有一个苹果！"

从非洲回来后，他大彻大悟："难道脑残的孩子就不是我的苹果吗？虽然他不算健康，但一样是我生命的希望，我相信一定会找到孩子特有的才能。"

此后几年里，他给孩子做了包括绘画、棋类等多种测试，但均无建树。一天，当他唱歌给孩子听时，小家伙居然跟着哼哼起来，头也随着音律不停地摇动。"天呐。这个孩子喜欢音乐，我终于发现他的长处了！"他如痴如狂地大叫起来。

为了培养孩子的乐感，他录下了许多大自然的声音，让儿子聆听，教他辨别音律。多年以后，没想到自幼吸收天籁之音的儿子，居然成了有名的作曲家，他的曲子可以治疗失眠症，所以畅销日本。

这位伟大的父亲就是日本著名作家，诺贝尔文学奖获得者大江健三郎，他在领奖时，叙述了他和儿子的故事，并幽默地说："你们如果睡不着觉，就买我儿子的音乐听，再睡不着，就买我的小说看，那就一定睡着了。"

大江健三郎因为儿子的智力也曾消极过，但是一个苹果及时地纠正了他的错误想法。他的积极、他的努力最终让他发现了儿子的音乐细胞。他的付出是比旁人多，就因为他努力地付出，才达成了旁人无法达成的梦想。还有什么成就比让一个智残的孩子成为成功的作曲家高兴？还有什么比努力付出后的收获来得幸福？

你有多努力，就决定你离梦想有多近。与其让消极打败，还不如凭借自己努力，把成功获取！

努力是个美好的词，过程可能压抑艰难，但就是因为这样的压抑艰难才更好地练就了我们的见识与技能，让我们有朝一日可以浴火重生。

这个世界其实是很公平的，你想收获多少，就必须付出多少。你想最大限度地实现你的梦想，那么你就要最大限量地努力。

1964 年的一天，刚刚从海军学院毕业的吉米·卡特遇到了当时的海军上将里·科弗将军。在闲聊当中，踌躇满志的吉米·卡特谈起了自己比较得意的事："在全校 820 名毕业生中，我名列第 58 名，了不起吧！"洋洋得意的吉米·卡特满以为将军会好好地夸奖他一番。孰料，里·科弗将军不但没有夸他，反而质问道："你为什么不是第 1 名？你尽最大努力了吗?"这句话使吉米·卡特尴尬不已，但他却牢牢记住了将军的这句话，并将它作为座右铭，时时激励和告诫自己要永不自满，不断进取，尽最大努力做好每一件事。

后来，吉米·卡特以自己坚忍不拔的毅力和不断进取的精神登上了权力顶峰，他成了美国第 39 任总统。卸任后，吉米·卡特在撰写自己的传记时，还将"你尽最大努力了吗"作为书名。

从这句话中受益的当然还有许多人，其中最为突出的要数美国国务卿鲍威尔。多年前的一个夏天，年轻的鲍威尔在一家汽水厂当杂工，他的工作是最苦最累的，不仅要洗瓶子、拖地板，还要做一系列的清洁工作。可是他没有丝毫的怨言，认认真真地去做了。一次，一位工人在搬运过程中不小心将一箱汽水摔在了地上，那数不清的玻璃碎片和一团团泡沫，弄得仓库里一片狼藉。按照"自己负责"的原则，这些垃圾应该是这位"制造麻烦"的工人清理的。也不知老板是为了节省人工，还是故意要考验鲍威尔，他又一次将这些脏活交给了鲍威尔去打扫。虽然鲍威尔感觉有些不公平，有些气恼，但想到自己是厂里的清洁杂工，就全力以赴去做了，把地板擦得干干净净。过了两天，鲍威尔接到厂方通知：他被晋升为装瓶部主管。自此，年轻的鲍威尔记住了一条真理：凡事只要尽最大努力去做，总会有人注意到的。

靠着这一条真理，鲍威尔以优异的成绩考进了军校；后又官至美国参谋长联席会议主席，衔领四星上将；他又曾膺任北大西洋公约组织、欧洲盟军总司令的要职；直到坐上美国国务卿的宝座。当鲍威尔受西点军校邀请作演讲时，他演讲的题目就是"你尽最大努力了吗"。

我一直很喜欢这个故事。吉米·卡特也好，鲍威尔也罢，不管我们站在哪种角度，他们两位都是取得巨大成就的人，支持他们达成梦想的就是这句话："你尽最大努力了吗？"

他们都是这句话的受益者，我们也可以成为这句话的受益者。我们也可以如他们一样，在确定目标后，不给自己喘息的机会，尽自己最大的努力去和自己的命运抗争。

你尽最大努力了吗？不是简单的一句句子，是促使我们进步的皮鞭。每天躺在床上准备睡觉的时候，我们可以问一问自己，今天你尽最大努力了吗？时光不是用来虚度的，是用来争取不一样的命运的。

我们不是一定要去和别人比较，而是为了自己无悔。努力不会要了你的命，懈怠却会阻碍你前进的步伐。

如果你对你的梦想还有一丝牵绊，那么一定要尽最大的努力。你有多努力，就决定你离梦想有多近。

6. 没有做不成的事情，关键看你能坚持努力多久

我们不要轻易给自己定下目标，今天要往东走，明天又想往西走。静下心来认真想想自己想做什么，当你觉得可以去做的时候，就不要再找任何借口改变方向，铆足劲坚持下去。这样你就会发现，这个世界所谓的不可能，是因为我们坚持的时间还不够长。

这个世界没有什么不可能的事，只要是你想做的，你又愿意花时间去做，那么能不能成功只是时间问题，只在于你能不能执着于这个信念，坚持下去。

坚持，是一个饱含褒义色彩的词。我们能从中读出坚韧和勇敢的含义，但也有忍辱负重的压抑。所以，坚持做某件事并没有我们想象的那么简单。这是我们在决定做某件事前必须了解的现状。坚持做某件事不是一场说走就走的旅行，那是对关乎于自己整个人生的一个信念。所以，我们不要轻易给自己定下目标，今天要往东走，明天又想往西走。静下心来认真想想自己想做什么，当你觉得可以去做的时候，就不要再找任何借口改变方向，铆足劲坚持下去。这样你就会发现，这个世界所谓的不可能，是因为我们坚持的时间还不够长。

坚持，是让我们拥抱梦想的灯光。

假如上司给你一个任务，让你去一家超市推销一瓶红酒，时间是一天，你认为自己能做到吗？你可能会说：小菜一碟。如果将红酒换成汽车，一天推销一辆，你做得到吗？你也许会说：那就不一定了。如果是连续多年都每天卖出一辆汽车呢？你肯定会说：绝对不可能。然而，世界上却有人做到了，他在15年的汽车推销生涯中总共卖出了13001辆汽车，平均每天销售3辆，而且全部是一对一销售给个人的，创造了吉尼斯汽车销售的世界纪录，同时获得了"世界上最伟大推销员"的称号，这个人就是推销界的"常胜将军"乔·吉拉德。尽管乔·吉拉德创下了如此辉煌的业绩，但是在他最初的人生中，他所经历的挫折和打击却比任何一个人都要多得多。

1928年11月1日，乔·吉拉德出生于美国底特律市的一个贫民家庭。9岁时，乔·吉拉德就开始为家庭的生计操心了，他给人擦鞋、送报，赚些零钱补贴家用。进入中学后，随着学费的逐年增加，乔·吉拉德不得不辍学，成了一名锅炉工人。不幸的是，他在那里染上了严重的气喘病。

为了不让病情恶化，他决定转行，从事建筑行业的工作，到1963年1月为止，他盖了13年的房子。在这之前，乔·吉拉德一直是个默默无闻的普通工人，是一个彻底的失败者。不仅如此，由于他患有相当严重的口吃，在与人沟通时，总是招来他人的嘲讽。一事无成、人生失意的他，甚至曾经当过小偷，开过赌场。

35岁那年，乔·吉拉德的赌场破产了，负债竟高达6万美元。为了生存，为了还债，他走进了一家汽车经销店，因为在当时，推销人员的待遇是没有上限的——只要你有绝对的推销水平。不过，他要做推销员的消息一传出，立即招来了大家的嘲讽，因为他连最基本的条件都达不到——他口吃。

乔·吉拉德顶住压力，告诉自己："通往成功的电梯如果不管用的话，想要成功，就只能抛开外界质疑的声音，一步一步地往上爬。"因为有严重口吃，乔·吉拉德在推销中故意放慢说话速度，其他的推销员迫不及待地给顾客介绍，他却以倾听为主，针对顾客的需求与问题，有针对性地一一解答。

乔·吉拉德在推销中从不放弃任何一个机会，或许客户五年后才需要买车，或许客户两年后才需要送车给大学毕业的小孩当礼物，但不管要等多久，乔·吉拉德都会三不五时打电话追踪客户，一年十二个月更是不间断地寄出花样设计不同、但上面总是印有"I like you!"字样的卡片给所有客户，最高纪录达每月一万六千封。

不仅如此，乔·吉拉德还特别把名片印成橄榄绿色，令人联想到一张张美钞。每天一睁开眼，他逢人必发名片，每见一次面就发一张，坚持要对方收下。乔·吉拉德解释，销售员一定要让全世界的人都知道"你在卖什么"，而且要一次次加深别人的印象，让这些人一想到要买车，自然就会想到"乔·吉拉德"。

乔·吉拉德把推销当成了一项神圣的事业，用他的真诚和细心认真对待每一个客户，最终，他凭着不想再回头过苦日子的决心与毅力，在上千汽车业务重兵集结的底特律杀出了一条血路。

如今，乔·吉拉德不仅在推销方面创造了许多奇迹，还练就了出色的口才，他被誉为"全球最受欢迎的演讲大师"，曾应邀为世界500强的众多企业精英传授他的宝贵经验，来自世界各地数以百万计的人们被他的演讲所感动，被他的事迹所激励。

每当被问及他为什么能成为推销界的"常胜将军"时，乔·吉拉德总是说:"世上没有什么'常胜将军',所谓的'常胜将军',不过是他在成功之前,先用90%的时间去经历痛苦、失败和打击,然后才在10%的时间里创造出奇迹。"

很多成功人士的起点并没有我们想象的那么高,他们中的很大一部分也和我们一样,来自于普通的家庭,没有什么值得炫耀的资本,但是他们一路走来,到最后却名成功就,风生水起。促使他们成功的秘诀是什么?

读了乔·吉拉德的成功故事,我们应该是有所感悟的。我们都知道做销售有多辛苦。所谓的业绩是不停地被拒绝中提炼出来的,坐在办公室吹着空调,看看新闻,喝喝茶是等不到天上掉客户下来的。想成功不能回避的一个现实就是你必须去和一个个陌生人去接触,把他们培养成自己的潜在客户,最终发展成自己的客户。天底下没有坐享其成这般的好事,没有付出哪有收获?没有坚持哪有积累?

乔·吉拉德的成功不是偶然的,在他兢兢业业坚持着他的推销事业,不断地回访,不断地和客户交流的时候,就已经预示着他离梦想不远了。

还有什么比坚持更可贵的呢?他从不抛弃他的客户,即便遭受拒绝,依然孜孜不倦地做着一个销售人员应该做的本职。如果这样的人还不能成功,那么什么样的人才能成功呢?

所以我们一定要记住一句话:这个世界没有什么不可能的事情,只看你能坚持多久。只要你能坚持下去,一定会有所收获。

7. 你足够的努力，终将打动梦想这个上帝

努力就像建造房子用的砖瓦，只要你愿意把时间放上去，你叠加起来的砖瓦，总有一天会还你一座大房子。唯一需要你坚持的是，在看到大房子之前，千万不要轻易就否认了砖瓦的价值，轻易就把努力放弃了。

在对待梦想的问题上，我们总有个误区，一开始自信满满，觉得自己是最聪明、最能干的，可是随着时间的推移。这种自信就被一点点磨灭了，觉得自己这个不行，那个不行。开始怀疑自己，觉得自己是小丑，还没看清自己的实质，就对着镜子做起了不切实际的梦。

努力、奋斗、激情……这些曾经陪伴着自己的正能量，在一次次失败的惨痛教训下，也耳红面赤地逃跑了。

其实，没有谁可以一路顺利，成功之前总要经受一次次失败的洗礼。这并不是仅仅对你一个人设的障碍。所有人都将面对这些考验。唯一的差距是，有些人运气好一点，抽到的考题容易一些；有些人运气没这么好，抽到的考题烦琐一些。原本就准备为梦想奋斗的人，考题的烦琐相对简单而言，无非就是更费精力一些，时间更长久一点。既然已经作了准备，多费点精力，多花些时间又算得了

什么呢？

我们不要奢求天上掉馅饼的好事，天上掉馅饼的时候，还不知道脚前有没有陷阱呢！我们一定要学会心平气和地面对这一切，要相信努力总会有回报，只要你足够努力，一定会打动梦想这个上帝。

我们要做的不是和别人比较手中考题的难易，而是如何尽快地把它解完，如何早上迎来我们的成功。

我们来看看这一则故事。

小女子房灵玉是一个穷人家的女孩，小时候患有脑瘤，手术后落下后遗症，走路明显和其他孩子不同，有点摆晃不稳，上学后脑子也没有别的孩子灵光。家里人对她都不抱什么希望，她能平平安安活下去，饿不死、冻不伤就是不幸中的万幸了。

但她本人却很乐观，好像一直不认为自己与别的孩子有什么不同，所有事情她都尽力去做，成了败了都是笑嘻嘻的。还有一点很突出，她喜欢往深处想事情，想不透就反复去想，想透了就去做，非常有主见。14岁那年暑假，她去了省城姨妈家，姨妈家四世同堂，有七个孩子，比她大的、比她小的，都很娇贵，家里又脏又乱，请了保姆也没多大用。她闲不住，不几天，姨妈家里就变了个样子。就在姨妈夸她时，她有了个想法：城里人其实很笨，好像啥都不会，凭啥比乡下人过得好？乡下人最勤劳灵巧的双手真的不值钱吗？

回家后，那想法就丢不开了，她想：如果在城里，自己完全可以用手脚闯出个事业来，比如当保姆，当出名气，然后开保姆公司。她把这个想法笑嘻嘻地说给妈妈听，妈妈没吭声，却偷偷落泪——啥都不如人的孩子，却有这么大的梦想，注定是一生伤痛啊！

1998年，16岁的灵玉辍学了。家里太穷，她又有残疾，无法通过学业这条道去成就什么事业，这正好给了她一个机会——把自己想到的，用双手去实现。

1998年9月，灵玉通过职介所找了份保姆的活儿——一个5口之家的全盘家务，洗衣做饭保洁，月工资300元。这是个穷家，万般无奈才雇用她，可她的想法并不局限于此，她不仅是为了工资，她还想有意识地拓展自己的所能与见识，把城里家庭的所有活儿干好、干精，干出让主家惊奇的花样来。第二个月，她已经熟练掌握了家里所有设施及电器的使用，并在时间上有了最科学的安排，而且开始创新，比如为不同地板和墙壁制作最适合的保洁工具，废物利用省时省力，主家女人感动得亲了她一口，并主动为她加了100元工资。

干了一年，她找了个借口辞去了这家的保姆工作，但她还是去职介所找保姆工作，只不过有了选择，要与上一个家庭环境有所不同才干。到2002年，她换了11个家庭，从普通人家干到了公寓别墅，每离开一家，主家都会舍不得，因为她干得太好了。2002年春天，她又朝自己的既定目标跨出了一步，到一家保洁公司应聘，被录取了。这时的她，已经决心开保洁公司了，她知道这座城市的保洁工作才是她真正的广阔天地，而现有的所有保洁公司都不大景气，其内因是公司雇员手脚灵活度和心思上的欠缺，而这个恰恰是她的长处。

到保洁公司后，她不是为了打工而是学做老板，熟悉这种公司的所有管理项目及方方面面，包括业务方面上上下下的关系网。刚开始，她的具体工作是应召保洁人员，不到三个月，老板就发现她是一个全才，能用心灵和双手感动所有客户的全才，三次给她加薪，过了半年，她被任命为业务经理。

为了良心，她全心全力为公司干了两年。2004 年 8 月，她正式辞职，先回了家一趟。她 14 岁时的梦想就要实现了。她在家两个月，走村串乡，公司还没办起来，她就先招工了，共找了 8 个人，4 男 4 女，都是勤劳善良、手脚灵便的穷家孩子。

再回城，她当天就承接了一家倒闭转让的小区家政公司，改名为心手保洁公司。15 天内，她和 17 家公私企业及 59 个家庭签订了定点定时的保洁合同，这些单位和家庭早就是她的"朋友"了。8 名职员到位就全部上岗，开业当天收入 490 元。

她深知这个行业在管理和服务上存在的缺陷，对每个缺陷她都有弥补的高招。她为每一个保洁项目都制定了详细的必达标准，具体到手脚动作的程序和力度，每天的完成项目她都要一一检查，就算主家满意，只要不合她的标准，她就会自己再干一遍，算是现场培训。

房灵玉，患有脑疾的"笨"女孩，而且对现代都市许多高级领域的见识几乎为零，但她可以从干保姆的手脚动作中获得做大老板的大智慧——到 2009 年 10 月，她的保洁公司已有员工 129 名，资金上千万，业务囊括了清洗、保洁、水电管道安装、家政服务、涂饰装修等多种项目，已是全城最大的保洁公司。

房灵玉，患有脑疾的"笨女孩"，去城里走一遭就给自己编织了一个梦想。除了自己的双手她什么也没有，但是她却没有退却，就凭着这双手，努力地为自己撑起了一片蓝天。

任何时候，我们都不要被现实击垮。别人有背景，我有什么？别人有学历，我有什么？别人有智慧，我有什么？

如果反复地纠结这种可有可无的问题，你的脚步如何迈得出去呢？你完全可以理直气壮地告诉自己：别人有背景，我有努力；别人有学历，我有努力；别人有智慧，我有努力……别人也努力，那么我就更努力。

我们不要为原本我们就没有的东西悲哀。再悲哀、再抱怨，没有仍然是没有。既然没有已经成了事实，为什么我们不能抓着我们有的东西发愤图强呢？

比如信念，比如努力！

在这个世界里，我们没有拥有的东西太多了，但是有了信念，有了努力，就能给我们争取到很多原本没有的东西。努力就像建造房子用的砖瓦，只要你愿意把时间放上去，你叠加起来的砖瓦，总有一天会还你一座大房子。唯一需要你坚持的是，在看到大房子之前，千万不要轻易就否认了砖瓦的价值，轻易就把努力放弃了。

请你坚持住你的梦想，请你尽自己最大的努力，你的努力终将打动梦想这个上帝，会给你呈现别样的一番景象。到时，你一定会庆幸，幸好你足够努力，幸好没有放弃。

8. 你的努力，终将为你的未来铺就光明的路

与其等待别人的救赎，还不如自己去领悟。我们可以给自己一段领悟的时间，但是这个时间不要太长，领悟的过程中也不要让自己消极、松懈下来。我们时刻要保持一种积极的认知。不管有多少人否认我们，梦想在，方向就在，努力就在。

也许，你已经很努力了。但是你的努力却没有给你太大的回报。它把你扔在川流不息的车流中龟爬，让你保持着碌碌无为的姿势。想奔驰，却一直在堵车。

有很多人也许都上过这么一课，面对的不是惊涛骇浪般的凶残，而是被生活温水煮青蛙似的无奈。没有了一开始的冲劲，慢慢地松懈了，慢慢也就忘了努力为何物了。

这是很可怕的一件事儿。

面对惊涛骇浪好歹还会高度戒备，随时准备作战。精神是紧张的，会随时准备反扑；面对温水煮青蛙时，却是对生活的妥协，忘记梦想，变得越来越松懈。

所以往往阻止我们收获梦想的不是梦想当真有多艰难，而是通往梦想的路太漫长。坚持着，努力着，一次次失败着，慢慢就变得麻木，变得举棋不定，到底要不要走下去？

换言之，阻碍我们成功的，恰恰就是曾经意气风发的我们！我们犹豫了、放弃了、不努力了！

这个认识是不是有点让自己不忍直视？

我们一起来读一则故事：

在 18 岁之前，他的音乐道路一直很顺利。天生爱唱歌的他，小小年纪便在各种比赛中崭露头角，多次在校园歌赛中拔得头筹，还获过全省音乐舞蹈节金奖。初中毕业后，他以全省第一的成绩考取艺术职业学院，走上了专业学习表演的道路，从此专修声乐演唱技巧。

人们都看好他的音乐前景，他信心十足地向更高峰发起冲刺，却在 2007 年遭受了人生的重大打击。那一年，他参加一个比赛的选拔赛，结果，在刚进入 50 强时就惨遭淘汰。

分赛区尚且止步于 50 强，他不禁怀疑起自己的演唱实力，于是常常在课堂上走了神。他顾虑自己的音乐之路还能走多远，前方何处是光明。越想越失落，越想越灰心：他渐渐地喜欢上了独自沿着海边走，在街巷间漫无目的地散步。那一天，他看见巷子里塞满了车，七辆满载的卡车依次停靠在路中央，一动不能动。他走近了，才发现它们中间还夹杂着一辆奔驰，驾车的中年男子下了车，正细致地擦拭着车身。

他转了一圈，回到原处，见到奔驰依然夹在卡车间根本未动过，而那个中年人也仍然在不知疲倦地擦着车，于是走上前去，友善地问道："开着这么好的车被堵了，你不烦吗？"中年人摇了摇头，认真地说："我要赶远路，正好乘这个机会打理一下车。"然后，指了指不远处的岔道继续说："在那里，我就将超越它们，这有什么可烦的?"中年人见他没有走的意思，又念叨起自己曾驾驶这辆车遭遇过的多次堵车，最长的一次在福厦公路上，足足等了七小时，在那段时间，安静地想了一些生意上的事，居然想出了两个好点子，后来给自己带来了不少收益。

"为什么开着奔驰就一定要奢望一路畅通呢？有时它被大卡车堵住路，也是难得的休整机会呀！"中年人微笑着说。他一愣，这才知道原来换种心态去看，奔驰被大卡车拦住就不再是坏事，可以乘机思考何去何从，做好下一次超越的准备。

他回想起曾经的经历，自己少年成名，此次参赛早早地被淘汰，不正像驾着好车出门，被前面的卡车堵住了去路吗？为何要灰心丧气，为何不学习那位中年人，抓住机会做好保养呢？思考清楚前程，争取在下一个路口超越呢？原来真正值得担心的，不是前面有卡车拦路，而是车子重新启动后的速度和性能呀！想到这些，他很快从失败的阴影中走了出来，更加专注地学习起声乐。毕业后，他果敢放弃了在家乡安稳工作的机会，决定去南方继续发展音乐事业。他对父母说："我非常喜欢唱歌，请再给我三年时间去外面闯闯，开创一片自己的舞台。"

他只身来到深圳。此后又流转到广州，靠跑场子生活，他更加刻苦地练唱。终于，又等到唱歌比赛的机会，他再度报名参赛，并凭借精湛的唱功、帅气的外形和新潮的装扮，一路过关斩将，最终毫无悬念地问鼎冠军。

只要有梦想，对梦想充满信心，人人都可以成为高速疾驰的奔驰。只是任何一辆奔驰，在前行的路上都将不可避免地遭遇到卡车的阻拦，那时你无须烦躁，更不用灰心，最好的选择是利用好这段

"停下来"或"慢下来"的机会，想清楚日后该往哪里去，并在下一个路口实现顺利超车。

所以，与其等待别人的救赎，还不如自己去领悟。我们可以给自己一段领悟的时间，但是这个时间不要太长，领悟的过程中也不要让自己消极、松懈下来。我们时刻要保持一种积极的认知。不管有多少人否认我们，梦想在，方向就在，努力就在。

我们不能因为别人的质疑，也跟着急于否认自己。再给自己一点努力的机会和时间，让努力开出花、结出果来。你的努力，终将为你的未来铺就光明的路。

第五章
成就最好的自己是实现梦想的捷径

把 梦 想 交 给 自 己 来 实 现

　　为了实现梦想，我们积极采取行动，付出努力，但实现梦想有没有捷径呢？有捷径，那就是成就最好的自己，让自己各方面尽可能地优秀起来。唯有你越来越优秀，你才可能一步一步地接近梦想。

1. 你的能量超出你的想象

人的能量和人的信念是相辅相成的，遇到再大的困难也不放弃自己最初梦想的话，你的能量就会苏醒，会支撑你面对这些原本以为无法跨越的阻力。我们要成就最优秀的自己，需要设法激发自己的潜能，让自己变得强大起来。

如果说一个没有梦想的人生是惨淡的人生，那么追逐梦想就将是我们毕生的事业。

梦想原本就是急不来的事情，它不是一个物件，没钱可以去银行按揭贷款，在享用的同时再慢慢还贷。它是最原始的积累，覆盖太多的面，知识、学问、经历、思想……只有积累到一定的数量，才会还给你最为耀目的灿烂！

梦想是无价的，也是最为公平的。它不介意你的出身、你的背景、你的地位。只要你愿意，只要你不怕辛苦挫折，你完全可以依着自己的心一步步地攀爬过去。

作家张爱玲曾说："出名要趁早，来得太晚，快乐也不那么痛快。"出名不是每个人的梦想，但是却也是很大一部分人的梦想。如果我们把出名也当成一个梦想来看的话，固然成名早比成名晚要好，但是没有储备到可以完全引爆的能量，再怎么渴望，也只是一纸空谈。

我们要积累，无怨无悔、不知疲倦地积累，只有认真投入地去做了，你才会发现原来你的能量这么强大，强大到超出你的想象。

任何时候，我们都不要小瞧我们自己，如果你不给自己引爆的机会，那么你只能是个平庸的路人甲，如果你要美丽绽放，那么就要不断挖掘自己的能量。能量是什么？是不断地摄取的知识，是不断地输入的信念，是不断提升的修为内涵，让自己真正的强大起来。

今天我们是一个小人物，你的能量开启了，你可能就是站在梦想云端的大人物！

他是个倒霉孩子。

因为家里无法同时抚养5个孩子，于是在他很小的时候，他就被送到了孤儿院。没有亲人，孤独无助的滋味可想而知，然而让他更痛苦的是为了生活，年纪还很小的时候他就要在一家加工眼镜零件的工厂打工。

年龄小、身体瘦弱的他很快成了工人们无聊时捉弄的对象。他们常常毫无顾忌地拿他开玩笑，还常常让他去干一些不属于他的工作。而对这一切，他都逆来顺受，从来不说什么。有一次，寻开心的工人们把他的外套抢来，几个人围成一圈互相扔着玩。他跑向左边，左边的人就把外套扔到右边；他跑到前边，前边的人就把外套扔到后边。他越着急，这些人就越开心，跑着跑着，他的眼圈儿红了，泪水在眼眶里直打转。忽然，他停下脚步，站在原地，冷冷地看着这些捉弄他的人，努力控制不让自己的眼泪掉下来。

他的举动让那些人不知所措，就在大家都以为他要发火的时候，他却转身离开，继续干起活儿来。这时候，一位老师傅看不下去了，走到这些人面前训了他们一顿，师傅把外套抢了回来给他重新披在身上。

他说了一声"谢谢"之后又继续低头干活，老师傅怕孩子会受到什么刺激，就在旁边劝他。"您放心吧，我不会在意的。我现在什么都没有了，也没有什么可以输的，还在乎别人这点捉弄吗?"老师傅没想到这孩子如此懂事，心里一酸，摸了摸他的头，叹着气离开了。

在后来的日子里，那些捉弄他的人也收敛了一些，但还是会时不时地揶揄他一下。对于这一切，他就像什么也没听见一样，根本不在乎别人捉弄，只是埋头苦干，把心思都放在了学习本领上。

时光荏苒，转眼之间，几年过去了。他因为在工作中的勤奋和努力，已经成为了工厂里最出色的工人之一。当年那些处处捉弄他的人也不敢再捉弄他了，反而因为工作上经常需要他帮忙，从而对他格外客气和尊重。

有了多年的磨炼，20岁出头的他已经对眼镜制造行业非常熟悉。不久之后，他就萌生了开一家眼镜制造铺的念头。当身边要好的朋友们得知他的想法之后，都不同意他的想法，因为大家都知道对于他这样一个年纪轻轻、阅历尚浅的人来说，做生意的困难和风险是非常大的。为了劝他打消这个念头，一个好朋友天天跑到住处苦口婆心地劝他。

"你小时候过得那么苦，现在好不容易有了稳定的工作和不错的收入，一旦眼镜制造铺失败了，你就惨了!"他告诉朋友:"我从来就没拥有什么，我也没有什么可以输掉的，所以我能够承担任何风险和后果。"

他觉得自己没有什么可以输的东西，他的心里特别放松，没有丝毫的压力和负担，反正大不了一切从头再来。很快，他的眼镜制造铺就开张了。正是因为心态良好、技术过硬，他的眼镜制造铺迅速接下不少生意，他的小日子也过得越来越好。

他没有压力、轻松上阵，在商场大展拳脚，小小的眼镜制造铺在他的经营下，只用了几十年的时间就成长为世界上最大的眼镜制造商 Luxottica 集团，而他本人也成为了世界级的富豪。他就是莱昂纳多·德尔·维奇奥，在2011年《福布斯》全球富豪榜中，他排名第71位，是眼镜制造行业里响当当的风云人物。

莱昂纳多·德尔·维奇奥，一个因为贫困遭家庭抛弃的小男孩，被欺负的时候，他所有的委屈、所有的抱怨都只能藏在心里。就像他认为的那样，他已经什么都没有了，已经没什么可输了。即使有这样的认知，他也没有自暴自弃，而是认真投入，用自己积极的心态，激活了沉睡的能量。从而将人生逆转，书写了一个传奇。

有了梦想，并为之不懈努力，在实现小梦想后，继续放大梦想，再努力，再放大，再努力……我们就会看到，在实现梦想的道路上，已经撒满了成功的果实。

瞧，很多时候，奇迹就是这么发生的。从孤儿到世界级的富豪，在很多人眼中，只能用"奇迹"这个词来形容。但是读过他的故事后，你还认为，这真的是奇迹吗？

我们只看到他出发前和爆发后的对比，却没有看到他是如何一步步走向成功，实现他的梦想的。他不是一直都只是一个弱势孤儿，他一直在努力进步。一开始是为了生计，后来是思想的大变革，主动去进取。他背负着绚丽的梦想，在最艰难的时候，也没有放弃。

他用自己的成功证明了人潜伏着多大的能量。

如果我们没有积极开发自己能量的意识，不敢放手一搏，那么我们的能量就会一直沉睡，不能成为可以协助我们变强的动力。

所以，我们不用坐在这里感叹别人的成功，而是应该认真想想自己下一步应该怎么做。我们要学会给自己施加压力，迎着压力，努力把自己逼到击垮的临界线。这么做不是让你倒下，而是让你激活自己潜在的能量，你会发现，只要坚持下去，原来你也是击不垮的，原来你也可以爆发，原来你可以做得这么好，原来你是如此优秀……

人的能量和人的信念是相辅相成的，遇到再大的困难也不放弃自己最初梦想的话，你的能量就会苏醒，会支撑你面对这些原本以为无法跨越的阻力。所以不要轻言放弃，你的能量超出你的想象，你完全可以为了梦想而努力争取！

2. 对亲人最大的爱就是让自己优秀起来

我们都说爱是付出，其实更重要的是让自己优秀起来，在自己享受优秀带给自己愉悦的同时，也让亲人有足够的理由自豪。瞧，那个如此优秀的人是我的谁谁！简单的话包含的滋味绝对可以令人回味无穷。

在通往梦想的路上，我们唯一不能摆脱的就是亲情。

亲情是任何感情都不能替代的。就像大树盘踞在泥土里错综复杂的根，即便看不见，也不能否认它正在给你源源不断地输送养分。很多时候，我们并不是想从亲人哪里摄取什么物质的帮助，一个从心底发出的微笑、一声发自肺腑的问候足矣。

天底下没有哪一个父母希望自己的孩子以后不要有出息。父爱浩瀚，母爱深沉，有的时候，或许他们教育的方式、方法不对，但是这并不能否认父母对孩子的爱，否认他们对孩子寄予的希望。

所以很多时候，我们的梦想并不只是我们个人的梦想，还关系着与自己息息相关的人。父母，爱人，孩子……我们有让亲人幸福、自豪的责任，这不仅仅靠金钱就能满足的。需要认真地经营，经营好彼此的关系，经营好自己的人生，经营好自己的幸福。这才是对亲人最大的爱。

我们都说爱是付出，其实更重要的是让自己优秀起来。在自己享受优秀带给自己愉悦的同时，也让亲人有足够的理由自豪。瞧，那个如此优秀的人是我的谁谁！简单的话包含的滋味绝对可以令人回味无穷。

　　这是一个让我深有感触的故事，我和大伙分享一下。

　　我终于了解，父亲对我的责骂，都是出自真心的期盼。

　　父亲寡言，但很严肃，在同乡与朋友之间深受尊敬、信任。他有很多想法和别人不太一样，一个就是他喜欢人前教子，在别人面前打骂、教导儿子，第二是相信棍棒底下出孝子，因为我爷爷当年就是用打的方式教育子女，而且打得很严重。

　　七八岁开始，我每天都挨打。父亲白天工作很忙，晚上才回来吃饭，吃完饭下了桌，就开始问我今天做错什么事。妈妈告状、姐姐告状，他就用皮带抽我，手臂上一条一条的瘀血痕。所以小时候，我一直喜欢穿长袖。

　　这造成我10岁开始就感到不平衡，"你打我，我就去打别人。"那时候住在眷区附近，跟里面的孩子去附近打闹，父亲就对我越打越重。

　　但是"棍棒底下出孝子"不是对每个孩子都适用，如果父亲用疏导的方法，或许我就不会误入歧途了。结果就是，我根本没办法念书，一天到晚打架闹事，初三连英文字母都写不全，数学也不会，小太保哪里会念书嘛！于是念到进德中学（感化院）去了，一共待了两年半。

　　在进德的头一年，我还是一样跟人家打闹，后来出事了，跟别人打架时肚子被划破。过了一周，父亲来看我，我们就坐在花园的石凳上，周边很多人在玩，他却哭起来了。我说："你干嘛哭？不要哭了，不好看。"我没看过他哭，这是第一次。

他流着忏悔的眼泪对我说："我不是不爱你，我一定要你的未来好。"我也很难过，说："你一副我就是坏人的样子，你跟我讲这个不是很奇怪吗？"后来我想一想：对，他一定爱我的，只是表达方式不同而已。

从那天起，我就不再打架了，开始好好读书。原本我是全校最后一名，在进德的后一年半，我是全校第一。后来，我插班进成功，到了中学夜间部，感化院能插班进公立学校夜间部，以前是没有过的。

当兵回来后，他给我 1 万美元，叫我去环游世界。还给我一张去意大利的机票。我把 1 万美元的支票贴身藏在内衣裤里，怕被偷走，就这样流浪了半年，坐火车、睡火车站，从欧洲跑到中南美洲，再到美国，回来身上只剩下 50 美元。很有意思吧？

回来以后，他就说："读万卷书不如行万里路，现在你游历了世界，从今天开始劳动。"我说："好。"于是，就进入润泰纺织，从科长、经理、副总经理一直做到现在。

26 岁时，我创建了润华机械厂，这个厂倒闭了；后来又开个染料工厂，这个工厂爆炸了。这两个工厂加起来花了三四千万元（新台币，下同），那时候这是一笔大钱，我父亲只说了一句话："衍梁啊！恭喜你得到可贵的失败经验，你以后比别人更不会犯错了。"恭喜我，没有骂我，所以我后来比别人更相信可以在失败中站起来。

大学毕业那年，爸爸的好朋友郑作恒突然打电话给我，要请我吃饭。他先带我去舞厅跳舞，我那时候不知道有这么漂亮的地方，舞池里那些舞女像热带鱼一样游来游去。

结账后，他对我说了几句话："衍梁啊，我必须跟你说，今天是你爸爸请求我带你出来的，因为他不方便带你出来，而且你父亲也不来这种场合，所以找我带你来见识见识。总之，要我送你几句话：第一，你永远不要赌博，就算你有亿万家财，到明天也可能一无所有；第二，你有没有看到那些小姐，她们不是真的喜欢你，她们爱的是钱，你如果笨到被女人骗，那是活该。"我父亲是很通情达理的人，但他自己很严谨，一开始就用这种震撼式的洗礼，让我了解人生：原来这么美丽的事情，其实是虚假的。

政大企研所毕业典礼那天，我父母来参加。企研所博士班就我一个人毕业，我排在第一个，代其他班的人领毕业证书。父亲不赞美我，就是自己在那边哭。我也是百感交集，红着眼眶站在台上想：当时你对我哭，是因为我是不良少年；现在你对我哭，是因为我是博士。

没有谁一出生就是懂事的，有些人懂事比较早，有些人懂事比较晚，这是很正常的事情。只是，在我们还没懂事的过程中，我们总会像文中的主人公一样叛逆。

父亲用拳头打了他，他就用拳头打了其他人。他觉得父亲的拳头是惩罚，却不知道拳头的背后恰恰隐藏着最浓烈的爱。当父亲把这份爱用语言直接分享给儿子的时候，他才惊醒，父亲是爱他的。

他的人生开始改写，从颓废少年成为积极青年，这一路父亲一直是坚守在他身后的大树。对他的改变收益最大的不是他本人，而是他的父亲。就如他说的一样："当年你对我哭，是因为我是不良少年；现在你对我哭，是因为我是博士。"

不管你现在身处什么样的境地，我知道你也一定如文中的儿子一样挚爱着自己的亲人。难道你愿意让你的亲人看到你半途而废，看到你被困难击败？对梦想的坚持，并不仅仅是自己的事情，亲人的压力并不比你小。他们虽然不能参与其中，却也没有完全排除在外。你一定要知道，他们的心一直陪伴着你。

你成功了，他们会高兴；你退缩了，他们也会难过。他们难过的不是因为你没有成功，而是难过你的梦想破灭了，是痛你之所痛。

所以，对亲人最大的爱就是让自己优秀起来。不断地充实自己、提高自己，让自己有追逐梦想的能力，不至遍体鳞伤、一败涂地。

加油吧，我们的亲人正在我们的身后望着我们！

3. 要想活得有存在感，你就必须优秀起来

活得有存在感，不是贪婪，而是对自己的一种挑战。我们都知道人只有通过竞争、通过历练才能让自己变得更优秀，只有更优秀、再优秀，才能让自己从人群中脱颖而出。要想活得有存在感，你就必须优秀起来。

一个人为什么要有梦想？为什么一心想达成梦想？那仅仅是因为无聊，找个目标打发时间吗？当然不是。人之所以有梦想，想达成梦想，很大的一个原因是想让自己活得有存在感。那才是真正的人生，不是可有可无的路人甲，过目即忘。

活得有存在感，不是贪婪，而是对自己的一种挑战。我们都知道人只有通过竞争、通过历练才能让自己变得更优秀，只有更优秀、再优秀，才能让自己从人群中脱颖而出。要想活得有存在感，你就必须优秀起来。

我的一个朋友亚达，毕业后考入了一家著名的跨国公司。起初他的英文极烂，每天私下苦练，一年后竟然进步神速，自诩用英文写东西比中文还要清楚。每每听他用出色的英文与人说话，我都会艳羡不已。

一日，亚达下班后单独留在办公室，进来一个中年人，随便找

个座位坐下来就开始掏出笔记本电脑飞快地打字。这时，一个国外客户的电话打了进来，恰好亚达对对方询问的产品非常熟悉，所以用一口流利的英文解释了一番。挂断电话，中年人抬起头，说了一句："你叫什么名字？英文很棒啊！"

几句话聊下来才得知，这位貌不惊人的中年人居然是亚达老板的老板的老板，大中华区的 MD（董事长）。自此，受到大老板鼓励的亚达信心大增，学英文的劲头更足了。偶尔在中层会议上，MD 也时不时地向亚达的老板问起他工作表现如何，引得亚达的老板惊诧不已。

后面的故事很老套，在 MD 的光辉照耀下，丑小鸭变天鹅之类的职场奇迹诞生了。可是亚达并不感到意外，他说："光看着在宝马里笑，有谁看见我在自行车后座哭了？"只有我明白他背后付出的努力，毕业后整整一年，他每晚都窝在出租房里强记公司所有产品的英文说明书，无论是和他相关的还是不相关的，他都会死记硬背记下来。可见成功的年轻人，最初的原始资本往往只是一辆破旧的自行车，而后才能开得起威风宝马。犹如大多数女孩都是天资平平的灰姑娘，要想被提携为香香公主，至少你得先修炼出公主的气质来。

瞧，优秀也是很矫情的！它不是唾手可得的小玩意，必须付出足够的努力。如果亚达没有一口流利的英语，不能熟悉客户询问的产品，会被 MD 记住吗？我们世人眼里的机会就不会好运气地降临到他身上了。他在 MD 面前的存在感，是整整一年的时间，每晚窝在出租房里强记公司所有产品的英文说明书达成的。

优秀是什么，其实就是知识的积累，努力地积累。想优秀就必须花精力去积累，学习上是，工作上是，生活上也是。

人生没有真正的投机，想优秀，你就得给自己花费积累优秀的时间。

这里还有一个故事。

刚进入大学的时候，他是班上年龄最小的一个，却是学习最刻苦、成绩最好的。每天天不亮，他就去操场大声地朗读英语。上课时，他永远坐在第一排，他的试卷永远都是最漂亮的。当他以全优的成绩毕业时，才二十刚出头。

工作后，他仍以"优秀"鞭策自己。"做一件事就要做到最好，否则还不如不做！"在公司里，他对自己的要求最严格，所以他的工作最出色也升职最快。24岁他就成为部门经理，28岁又升为公司总经理。公司改组后，30岁的他已经成了总裁。

地位变了，但"优秀"的标准没变，他带领企业，向产品的"广度"和"深度"进军，使企业在技术实力和市场营销能力上在同行中一直名列前茅，已成为颇具国际影响力的大型专业软件公司。母校百年校庆时，35岁的他作为杰出校友被邀请回校，在那些被邀请的杰出校友中，他又是最年轻的一个。他作了精辟的演讲，主题就是：让优秀成为习惯。

机会总是青睐那些让优秀成为习惯的人，因为他们从来不会辜负机会对自己的眷顾。保持一颗优秀的心，陶冶一种优秀的品格，让优秀成为习惯，成功也就成为必然，人生将会因此绚丽多彩。

或许在其他人的眼里，他的人生是几乎接近于一帆风顺，从学生时代开始一路都吸引着别人的眼球。我们在羡慕他强烈的存在感的同时，有没有想过这样的一帆风顺是一般人可以消受的吗？我们只看到了他的一帆风顺，却没有看到支撑这些优秀表象背后所付出的努力。

　　他的一切都是他的努力换来的，成为优秀的人才能被重视、被提拔。我们不能单纯地将目光放到机会上，机会来了，你有足够的信心能将机会抓住吗？只要静下心，让自己变得足够优秀，才会在机会出现的时候脱颖而出。

4. 真正的梦想就是按照自己的活法活

真正的梦想就是按照自己的活法活。想吃中餐就拒绝七分熟的牛排，想看电影就走进电影院。对人生的固执，就是对梦想的忠诚。别在乎别人的嘲笑，别在乎别人的目光，你觉得怎样活得舒坦就怎样活。我们为梦想竭尽全力的努力，并不是为了别人的羡慕，而是为了自己幸福。

梦想不是人云亦云的东西。

甲说想成为老师，老师抱着书，又气质又文艺，还受人尊敬。你觉得甲说得太对了，于是决定自己以后也做个老师。乙说想开个火锅店，做纯绿色的火锅，不添加任何对人体不好的佐料，不求赚大钱，只求问心无愧。你觉得这样的火锅店老板人品高尚，虽然没有太高的社会地位，却也很吸引人。于是你决定以后还是做火锅店老板了。丙说一个人不能被一个职务一份工作牵绊，他要过自己想过的生活，周游全世界。你的心又动了……

其实这些都是别人的想法，是别人想做的事。与你有什么关系呢？你可以欣赏别人的梦想，但是无须模仿。你只要想明白，自己究竟想过什么样的生活就可以了，这和表面的光鲜、境界的高尚没有太直接的关系。

真正的梦想就是按照自己的活法活。想吃中餐就拒绝七分熟的牛排，想看电影就走进电影院。对人生的固执，就是对梦想的忠诚。别在乎别人的嘲笑，别在乎别人的目光，你觉得怎样活得舒坦就怎样活。我们为梦想竭尽全力的努力，并不是为了别人的羡慕，而是为了自己幸福。

这是央视著名主持人崔永元讲的一个真实的故事。有一次，他在美国录制节目。在马路上，他看到一辆大卡车停在路边。他发现这辆卡车很大、很漂亮、很气派，车上装着满满的货物，但这辆卡车却很干净，车上还挂着许多小装饰，可以看出主人对这辆车十分爱惜。

卡车司机大约40多岁的样子，身体很壮，戴着一顶棒球帽，穿着西装，胡子刮得很干净，刮过的皮肤泛着铁青色。他的这一身行头，如果不说，你无法想到他是一名重型卡车司机。

当他听说崔永元要采访他，便热情地拉着崔永元的手，让他上了他的这辆卡车。

这辆卡车驾驶室的后面，有一个书桌，书桌上有一台笔记本电脑和几本书，车壁上有书柜、液晶电视、电冰箱、沙发，里面甚至还有卫生间和洗澡间。

崔永元羡慕地说："这辆卡车简直就像是一个流动的家。"

卡车司机说："对，它就是我流动的家，我人到哪儿，我的家就跟着我到哪儿，我已经快走遍全美洲了。"卡车司机一脸兴奋和自豪的神色。

崔永元被这位卡车司机的热情和开朗性格感染了，问道："你是什么时候开始萌发要开卡车这个理想的？"

卡车司机柔声地说道："在我6岁的时候，就有了长大了要开大卡车的理想。那时，我常常遐想，开着大卡车跑遍全国各地，是一件多么令人高兴和幸福的事。"

崔永元大吃一惊，心想，他怎么没有想到将来当科学家、律师、医生、教师这些理想？而只想到将来要开大卡车这样卑微的理想？

看到崔永元疑惑的目光，卡车司机笑道："在我6岁的时候，一天，爸爸给我买了一辆玩具卡车。我看到，那辆卡车很气派，又大又长，开关一开，它就非常灵活地在地上跑了起来，还会爬坡、拐弯。我兴奋地将这辆玩具卡车紧紧地抱在怀里，对爸爸说道：'我长大了，也要开卡车，跑遍全国许多地方。'爸爸高兴地将我紧紧地搂在怀里，说道：'好儿子，有志气，只要好好努力，将来一定会开上大卡车的。'

"就这样，在我幼小的心灵里，就树立了将来要开大卡车的远大理想。之后，爸爸就给我买了许多各种玩具大卡车。这些玩具卡车，我会自己拆卸和安装。亲朋好友、左邻右舍，还有学校的老师们，听说我将来想开大卡车的理想后，都纷纷夸奖我，还要同学和他们家的孩子向我学习。

"中学毕业后，我报考了汽车职业学校，父母都非常支持我。毕业后，我顺利地进了一家汽车运输公司，终于开上了梦寐以求的大卡车。当爸爸、妈妈看到我真开上了大卡车，激动得热泪盈眶。"

说起开卡车的经历，这位卡车司机仿佛沉浸在一种巨大幸福和喜悦之中。

有的人的终极梦想是嫁个好夫婿，有的人的终极梦想是有穿不完的华衣美服，有的人的终极梦想是有一块薄田，人各有志，选择自己喜欢的就好。就像这个卡车司机一样，虽然不是让人羡慕的职业，但是，他活得很快乐。

还有什么比快乐更重要的事情呢？

所以任何时候我们都不要因为这样或那样的外因，而局限自己的梦想。这个世界上有形形色色的人，适合别人的不一定也适合我们自己。与其痛苦地追逐着自己并不喜欢的梦，还不如，听从自己内心的声音。真正的梦想就是按照自己的活法活，我们完全无须拘泥旁人的目光，做最快乐的自己就好。

5. 一件事坚持十年，你想一下自己能成为什么样儿

如果你想让自己进步，想突破现在的自己，离梦想越来越近的话，那么我一定要送给你一个词——坚持。一件事坚持十年，你想知道十年后，你能牛成什么样儿吗？

我们都读过《卖油翁》的故事，陈尧咨对自己的箭术极为自信，习惯在人前显摆自己的好箭术，却被一个卖油翁道破天机，熟能生巧罢了。为了证明自己的说辞，他露了一手从铜钱眼里灌油，铜钱却不湿一分的绝活，他说自己也没有什么本领，只是熟练罢了。

对于这个故事，我们能说出一大堆的读后感，熟能生巧啊，天外有天、人外有人啊，等等。但是，说完之后我们总忽略一个细节，为什么我们只堆积理论上的东西，而不尝试着在一件事上坚持下去？一年，三年，十年……我不敢说十年之后你能如何出类拔萃，但是，卖油翁悟出来的熟能生巧的真谛，你就没有一点点的触动？不想让自己将来有一天可以好好地"巧"上一把吗？

奇迹是用时间堆积起来的。并不是坐在家里看看电视、玩玩电脑，奇迹就从天而降，砸到你的脑门上。我们是应该有梦想，但是实施梦想不是靠想象，而是靠认真坚持。

如果你想让自己进步，想突破现在的自己，离梦想越来越近的话，那么我一定要送给你一个词——坚持。一件事坚持十年，你想知道十年后，你能成为什么样儿吗？你想不想看看那个十年后的自己吗？

有一位美国老人，名叫谢尔登·阿德尔森，他自小在贫民窟长大，因为敢于做梦，12岁以报童起家开始创业，打拼40多年成为全美第三富翁，74岁时财富一下蒸发90%，继续打拼再登富豪榜，这个老头的跌宕人生路就像过山车一样惊心动魄，却创造了世界上财富增长速度最快的有钱人，不能不说他既是不可复制的奇迹，更是令人叹为观止的神话。

0岁：1933年出生，全家6口人只有一张床和一间房，挤住在美国波士顿的一处贫民窟里。父亲是一名出租车司机，母亲为生计在家中干些缝纫杂活贴补家用。

12岁：在贫民窟长大的他，跟叔父借钱200美元，租下街边两个摊位，开始卖报纸创业，这一干就是8年。

20岁：结束在街头颠沛流离生活，他敢于做梦，不断发现并抓住商机，卖洗发水、剃须膏等给汽车旅馆。随后当兵以及考取大学学习公司理财，走出校门，做贷款经纪人、投资顾问和理财咨询师等职业。

30岁：前往纽约寻求梦想和发展，从事媒体广告业务。尝试无数行业，成为一名管理着500万美元基金的风险投资家，大到原子能源、小到宠物商店成功投资75家公司。

40岁：1979年他通过自己投资的一本计算机杂志，在拉斯维加斯创办计算机供货商展览Comdex，以100美元一个摊位的价格向主办地政府租赁展览场地，再以 150 倍高价租给展商，积累下巨额财富。20 世纪 80 年代，计算机业蓬勃发展，Comdex 展览会很快成为全球最大的计算机展会。

50 岁：迎来 IT 业黄金时代，人们无不想对 Comdex 展览会上最新科技产品一睹为快，比尔·盖茨、史蒂夫·乔布斯等 IT 与财富英雄的演讲更是展览会吸引人的重头戏。8 年后，参展商已达 2480 家，参观者超过 21 万。1989 年，他以 1.28 亿美元买下旧金沙赌场酒店，并建起美国首家由个人投资并拥有的金沙展览中心，以此转战并不熟悉的博彩业。

60 岁：1995 年被人称为"会展之父"，他以 8.6 亿美元高价将 Comdex 盘给日本软银，此交易令他成为真正富豪。投资 15 亿美元炸掉金沙赌场酒店，三年后重建，占地 63 英亩，把它与美国最大会展中心相连，建一座堪称全球投资最庞大的集住宿、娱乐、博彩的"威尼斯人度假村"，确立了他在拉斯维加斯的富豪地位，并将博彩帝国延伸到亚洲，在中国澳门投资澳门金沙娱乐场，在新加坡建设滨海湾金沙酒店。

70 岁：2003 年身家超过 30 亿美元。不到 3 年，以每小时赚进近 100 万美元的速度，迅速拥有 205 亿美元，购买私人飞机 14 架，成为全世界最大的私人飞机群。2007 年财富上升到 265 亿美元，位于（福布斯）全球富豪排行榜第 6 位，在美国排名第 3，仅次于比尔·盖茨和巴菲特，登上人生最高点。

74 岁：2007～2008 年，金融危机爆发，旗下金沙集团股价下跌，一年之间损失 250 亿美元，财富缩水超过 90%。从谷底到顶峰花了 40 多年，从顶峰坠落却只有一年。但他从顶点跌入谷底后再次登上顶峰，不得不说是一个奇迹。短短两年，他重新积累财富近150亿美元。2009年成为《福布斯》杂志富豪排行榜有史以来，财富增长速度最快并成为全球最有钱的人。

今年，谢尔登·阿德尔森将迎来78岁生日，他的左腿饱受神经病变的痛苦，走起路来只能靠一根拐杖支撑，但就是这位老人依然敢于做梦："总有一天我的财富要超越比尔·盖茨，变成世界首富。"然而，当被问及他的财富还差比尔·盖茨300亿美元，是否有兴趣回到从前的排位时，他的眼睛豁然发亮，最后这样回答："为什么不呢？我就是敢于做梦，才拥有今天的财富。"

谢尔登·阿德尔森成功的秘诀是什么？不断地挖掘自己的潜能，并且从小时候发家致富这个美妙的想法牵引，直至年逾古稀，他也没有放弃对金钱的追逐。他一辈子就在做一件事：挣钱！

一开始他急于挣钱是因为缺钱，后来挣钱是因为挑战。钱在他眼里已经不是单纯的钱的问题，而是至死不渝的一个信念，如何更完美地体现自己的价值，如何让自己的人生更为完美。他用自己的坚持书写了轰轰烈烈的辉煌。

诚然，一个人想要达成梦想，最重要的一点是要敢于做梦。但是这只是起步，接下去还得看自己如何为了这个梦想运作。

我们的人生就像一份企划书，设置得再美妙，不实际投入也只是一张废纸。我们不能要求一张看似完美的废纸带给我们什么惊喜，只有把企划书上的东西完整地实施下去，才能看到最后的结局。

所以，我们缺少的不是机遇，而是时间。如果你舍不得给自己的梦想投入时间，那你凭什么奢求完美的结局？世界上怎么会有又要马儿跑、又要马儿不吃草的好事呢？

时间是完成梦想的必需品，我们不要用时间捆绑住自己的翅膀，要给自己翅膀长成，足于腾飞的时间，一件事坚持十年，你想一下自己能成为什么样儿。

6. 直指自己的梦想，大胆发掘自己的潜能量

永远别对自己说不可能，想到就努力去做！即便身处绝境，我们也不能摇摆不定。紧要关头一点犹豫就会让我们败下阵来，如果你不想自己失败，那么，任何时候都要直指自己的梦想，大胆发掘自己的潜能量。

如果用平常的心态看，我们一天就 24 小时，吃饭喝水上厕所 2 小时，睡觉 8 小时，把剩下的 14 个小时用来冲刺梦想，已经是相当卖力的事情了。觉得自己已经相当不容易了，再想突破差不多就是难于上青天的事儿了。

我想说这只是表层，很多事情不能从表层来看的。

比如做事的效率，比如投入的热情度，比如积极的心态。这些都是时间之外的馈赠，它们都会直接影响我们做事的结果。更玄乎的是——我们先提一个问题吧，你觉得你平常奔跑的速度能和有一只猛虎追赶你，你急于逃生时的速度相提并论吗？

那是什么？那就是储存在我们人体中的潜能量。一个爆发出潜能量的人和一个没有挖掘出潜能量的人可以相提并论吗？分明就是不处在相同起跑线的两个人了。我们能阻止别人潜能的爆发，还是能拖着别人的衣角等着我们？

这都是不可能的事。我们能做的只有一条，在他们激发潜能量的同时，也激活自己的潜能量，努力比别人挖掘得更深、更多。

我们先来看这么一个故事：

耶尔加瓦监狱是拉脱维亚最大的监狱，多年来，里面各种暴力事件应接不暇，自杀比例也居欧洲最高，一度被评为最差的监狱。因为在这里，犯人们没有任何事情做，也看不到希望，他们如同行尸走肉，自然会惹是生非。这让监狱管理者们十分头疼，但是他们一时也想不到良策来解决。

一天，耶尔加瓦监狱的监狱长阿里斯，在家里和自己的女儿发生了争执。起因是他拒绝放暑假的女儿去酒吧打工，毕竟家里经济条件不错。但是女儿却倔强地反驳他："如果不让我做点事，成天待在家里游手好闲，简直就像在坐牢。"女儿的话让阿里斯猛然醒悟，他突然想到了一个解决难题的好方法——让监狱的犯人"动"起来。

几天之后，一份成熟的报告呈到了上级管理部门，权衡利弊，政府同意了阿里斯的方案试行。阿里斯的办法其实很简单，他提出以经济管理人性，让监狱市场化，收房租、收水电，食物也要用钱买，却不允许犯人的家属寄钱给他们。

阿里斯提供了两种本钱来源，一是家人寄一些，二是可以在监狱办理小额度贷款。在所有人的欢呼声中，各种商品都运送到了监狱，犯人们可以自由选择自己喜欢的商品出售。这些商品是按照犯人们的喜好，先由监狱统计好，再提供给超市批发商，最后按市面上的批发价统一购入。接着，监狱会指导大家定好价格，保证销售者有一定的利润。没有本钱，或者不愿意做生意，也没关系，你可以当清洁工、运输工，还可以竞争市场管理员。

把梦想交给自己来实现

为了避免犯人之间的抢劫，监狱还派出警力，作为市场的巡警。阿里斯担心警察跟犯人合伙做出贪污的事，又规定警察不得在市场内购买任何物品。经过不断地细化方案，一个监狱集市呈现在了眼前，它像一个小小的镇子，从早到晚，正常运转。

几个月下来，监狱很少再有暴力事件发生，也没有人自杀。许多犯人都兴奋地表示，自己终于找到了存在的价值，有了新的方向。

阿里斯的"经济管理法"，让身处绝望的犯人，有了新的梦想。是的，天堂与地狱的区别，其实就在于你是否还有希望。

潜能力是被自己忽视的一种能量。阿里斯就发现了这样的能力存在，以梦想唤醒了身处绝望的犯人。

我们也是有梦想之人，但是因为还没有到绝境，所以还不曾尝试挖掘潜能。不要轻易埋没了自己的潜能量。我读过一首诗，一直牢记于心。

"去实现一个实现不了的梦，去打一个打不败的敌人，去忍受那忍受不了的悲伤，去纠正那纠正不了的错误……"

潜能就是让我们把所有的不可能变成可能的魔术棒，所以任何时候，我们都不要放弃最后一丝生机。

我们再来看看这个故事。

一个父亲和他跛脚的儿子站在一幅金字塔画前，儿子被画上金字塔的雄伟所震撼，他问父亲这是哪里。父亲淡淡地说："别问了，这是你永远不能到达的地方。"二十年后，已经年老的父亲收到一张照片，背景是和二十年前同样雄伟的金字塔，挂着拐杖的儿子站在金字塔前，笑容灿烂，照片背后写着一行字："人生不能被保证。"

跛脚的儿子用自己的行动证明："我能行！"心动不如行动！当

我们憧憬去做某件事情的时候，只要我们有足够的信心，并努力去践行，就一定会有笑容灿烂的那一天！

约翰·库缇斯先生是一个残疾人，并身患癌症，他没有双腿能潜水，没有双脚能驾驶汽车，他是诸多个体育项目的冠军得主，获得国家二级教练的荣誉。

约翰·库缇斯虽然没有脚，但他走过了比其他人都要长、都要艰辛的道路；约翰·库缇斯虽然没有其他人高，但是他达到了许多平凡人都达不到的事业高峰。他对人生充满了爱，用真挚的爱去对待生活。许多人被他的坚强和不屈不挠的意志所感动，都忍不住好奇地问："你的业绩令人不可思议，你是怎么成功的？"约翰·库缇斯回答说："永远别对自己说不可能，想到就努力去做！"正是这种信念，促使了约翰·库缇斯的成功。

人生没有什么不可能的事，只要你对自己有足够的信心，并足够努力，你的潜能就会开启。就会像那个坡脚的儿子，像约翰·库缇斯一样，站在梦想之上。

我们一定要记住这句话："永远别对自己说不可能，想到就努力去做！"即便身处绝境，我们也不能摇摆不定。紧要关头一点犹豫就会让我们败下阵来，如果你不想自己失败，那么，任何时候都要直指自己的梦想，大胆发掘自己的潜能量。

7. 成就最好的自己是实现自己梦想的捷径

让自己成为最好的自己，是最大的鼓励与约束。鼓励自己向前看，努力完善自己的硬件与软件，该升级就升级，不要停滞不前。这样碰到难题的时候，才不至于一败涂地。

成功总是光顾那些已经准备好的人。

那么应该如何准备呢？很简单，让自己成为最好的自己。

很多时候，我们觉得我们自己已经足够优秀了。为什么还会一直被命运淘汰呢？我们会愤怒、会不平、会心灰意冷。但是，如果我们静下心来认真地想一想，就会发现一个问题：我们真的有这么优秀吗？

昨天的自己有今天的自己优秀吗？今天的自己会比明天的自己优秀吗？优秀的程度永远没有终止，只要你愿意，你完全可以不断地进步，很优秀，再优秀，更优秀……

我们只有抱着一个不变的信念：一定要做最好的自己！这样才能在残酷的现实中立足。这个世界上，优秀人的实在太多了，想实现自己的梦想，必须和若干有相同梦想的人竞争，而竞争取胜的最大砝码就是你要比他们更优秀。

优秀何来？当然是通过不断的努力。努力地学习知识，努力地站起来，努力地完善自己，努力地向前迈进。任何时候，我们都要努力成就最好的自己，成就最好的自己是实现梦想的捷径。

我们一起来读一读这则故事：

辛薇18岁中专毕业。那年，她跟同学在医院实习并专心等待安排，结果学校传来坏消息，四年制的班级不再分配工作。因为没有门路进医院，私人诊所工资低得可怜，辛薇只好放下专业应聘到一家通讯公司做了一名营业员。

不得志的人对待生活无非两种态度：顺应或者抗争。不得志少女辛薇心里憋着一口气，她觉得自己并没有得到想要的生活。

所以她做了一个决定：参加高考。

通讯公司的工作节奏紧、任务重，辛薇因为额配任务每天忙得团团转，下班后已经累得没有说话的力气。回到租住的蜗居，她就着白开水匆匆吃掉路上买来的包子就开始伏在桌子上学习。房间狭窄，深夜的灯光昏暗得像一张幻灯片，日复一日地映着陈旧的墙壁和少女的背影，寒冬捂着三层棉被，酷暑双脚泡在水盆里。

辛薇把书本翻过两遍，仍觉得时间消逝得格外快，因为高考时间到了。

那天，她跟很多学生一起坐在教室里答题，两天的时间，五张试卷，文化课加专业课，将四年中专加一年自学的知识累积都交代其中。

经过两个月的忐忑等待，辛薇最终幸运地拿到了山东医科大学的录取通知书。

拿到通知书那天，辛薇兴奋得手舞足蹈。

在开学前一周她辞了职，那时，她已经攒够了一年的学费和生活费。

在大学里，辛薇是班里最努力的学生，每天早晨六点起来，抱着教科书去偏僻的地方朗读，坚持每天将老师布置的作业完成，空出来的时间大多泡在图书馆看书，每天回来的时间都卡在熄灯前半小时。

即使这样努力，大学毕业的时候辛薇也没能留在实习的医院，一是医院名额有限，二是学校里多的是优秀的学生。

后来辛薇在一次面试中，凭借出彩的口语被外地一家医院录取。

医院的生活很忙碌，除了工作，辛薇的其他的时间几乎都被医院各种考核考试填满，同一批进来的同学怨声载道，逐渐把仅有的所剩无几的时间都用在谈恋爱上。辛薇则默默地捧着书本，为在职研究生考试做着准备。

研究生毕业那天，辛薇拿出平日积攒的休假去了青岛。她从小就喜欢大海，26 岁的她打算犒赏一下自己。

这三年里，辛薇在工作中凭借过硬的专业素质，从小儿外科的普通护士调到小儿内科做护士长，与此同时，辛薇在这一年结了婚，有了宝宝。

一年后，辛薇转到 ICU 监护室，又过了两年，她成了院里最年轻的护理部副主任。

认真学习并不是仅仅为了一张好看的学校文凭——学校文凭只是表面的收获，是应聘时必不可少的一张名片，可以放你进门，但是和你的真实水平无关，不代表放你进去了就不赶你出来。所以，我们所说的认真学习，并不是为了一张好看的文凭，而是真正的为了给自己补充学识，充实自己的知识库，让自己变得再优秀、更优秀。

辛薇就是明白了其中的道理，所以决定从完善自己开始，从文凭学识上充实自己，经过一次又一次的优秀蜕变，她给了自己一份完美的人生答卷。

所以，成就最好的自己才是实现自己梦想的捷径，我们在任何时候都不能忘记成就最好的自己。

那不是别人能给予你的，而是必须靠你自己去努力实现的。

成功的定义，有时候就是这么简单。无论身处什么岗位，都不要在乎别人如何评价，更没有必要去和别人攀比。成功不可复制。关键是如何在平凡的岗位中，演绎好自己不平凡的角色。很多时候，成功就是做最好的自己。

经受了太多的挫折与磨难，可是任何时候，无论身处什么岗位，能顶住了别人的嘲讽奚落，一路遵循着自己的信条：让自己成为最好的自己。我们就有足够的信心会获得成功。

让自己成为最好的自己，是最大的鼓励与约束。鼓励自己向前看，努力完善自己的硬件与软件，该升级就升级，不要停滞不前。这样碰到难题的时候，才不至于一败涂地。同时，也要约束自己，不要放纵性格中的懦弱与惰性，不要被一点点计划外的麻烦击垮，学会理性地看待问题。因为我们是很优秀的，如果我们都不能坚持下来的话，还有谁可以在追逐梦想的过程中完胜？

只有成就了优秀的自己，才不会患得患失、惴惴不安。那是实现梦想的捷径，更是拥抱梦想的保证。

第六章
努力过好每一天，梦想会一点点地实现

我们追求梦想，并不是要让自己去做"苦行僧"，而是为了将来过得更好，实现自己的人生价值。因此，我们必须努力过好每一天，每一天都进步一点点，每天朝着目标靠近一点点。

1. 通向梦想的道路，需要你一步步去走

通往梦想的道路是漫长的，梦想对于每个人都是公平的，它不会主动向你飞过来，它也不会无原则地妥协，它属于勇者。如果你足够勇敢，你一定会拥抱梦想。通向梦想的道路是曲折的，但是并不是无路可走，你要做的是披荆斩棘，勇敢地向梦想走去。

梦想不是木偶玩具，不是你放在那里，它就会以某种固定的状态乖乖地站在那里等你；相反地，梦想是很调皮的家伙。有时候吧，你觉得你的梦想很微小，可是当你往前走一步看的时候，它又变得很大。甚至有的时候，它还会戴上恐怖的面具掩盖住它原本可爱的面容，它长成这样，你害怕吗？

所以，很多时候并不是我们不能实现我们的梦想，而是我们被它刻意放大的体型或是突然变丑的嘴脸吓住了，忘记了把脚迈出去。

梦想是调皮的，但是只要你不被它吓得退缩，它绝对不会蹦跳着拉远你们之间的距离。它也有安静的时候，当梦想被你的勇敢折服的时候，它就会像文静的小姑娘，安静地看着你，等着你的到来。

通往梦想的道路是漫长的，梦想对于每个人都是公平的，它不

会主动向你飞过来，它也不会无原则地妥协，它属于勇者。如果你足够勇敢，你一定会拥抱梦想。通向梦想的道路是曲折的，但是并不是无路可走，你要做的是披荆斩棘，勇敢地向梦想走去。

我们一起来分享一个一步步走向梦想、实现梦想的故事。

巴斯德出生于士兵之家，父亲是拿破仑麾下的一名骑兵，这在19世纪80年代的法国，是颇有社会地位的家庭。

可是巴斯德很羡慕那些读书人，他从小的理想就是做一个有学问的人。但巴斯德始终不明白，自己怎样才能成为一个有学问的人？叔叔用调侃的口吻对他说，"如果你能够成为博士，那就是一个有学问的人了！"

虽然对"博士"没有概念，家族中也没有一个靠文凭吃饭的人，但巴斯德心想，叔叔的话总是有道理的。从此他认认真真地读起了书，并在25岁时获得了物理学博士学位。拿到博士学位后，巴斯德又陷入了迷茫。战乱年代，他不知道自己能研究点什么，毕业很长一段时间，他都没有找到一个研究课题。这时又有人拿他开涮："巴斯德，你可以研究一下'生命的奥秘'。"

当时的欧洲大陆流行"自然发生论"，认为生命可以由没有生命的物质中自然产生。比如腐烂的木头可以生出蛆来，腐烂的肉里可以长出苍蝇，甚至还有更神奇的说法，只要在老鼠的笼子里撒些面包屑，笼子里就能跑出老鼠来。研究"生命奥秘"属于学术界极其高端、前沿的课题，只有学富五车的科学家才有资格涉猎，但巴斯德认为这还真是一个很有意思的课题，值得自己好好研究一下，他就这样不知天高地厚地做起了实验。

随着研究的深入，巴斯德发现那些大科学家们的理论居然都是错误的。从 1859 年到 1861 年，巴斯德将自己关进实验室。他把加温煮熟的肉放进开口弯曲的瓶中，结果里面什么虫也没长出来。他还将面包屑撒进了老鼠笼，甚至在笼内丢了火腿肠，但里面一只老鼠也没有跑出来。

然而，几乎所有的科学家都站出来反对巴斯德，他的研究成果对业已形成的"科学理论"不能产生丝毫的说服力，但巴斯德仍然坚持自己的观点，并指出食物的腐烂是微生物在起作用。他认为微小的细菌看起来是静止的，但是只要有合适的环境，就会遵循生命的法则运动。这一结论使得反对他的人更加激进，并纷纷提出了更为棘手的问题习难他。

1867 年，有人质问他："法国的蚕为什么会生病？"巴斯德为此做了 3 年的实验，他分离出两种致病的杆菌，发现了治疗这种疾病的方法，并且无意间拯救了法国的蚕丝与服装业。又有反对他的人提出："酒为什么会自然变酸？"1870 年，巴斯德发现那是微生物在起作用，并且提出高温杀菌法，使酒保持新鲜，同样的方法也可使牛奶保持新鲜。巴斯德又拯救了食品业，反对他的人只好勉强送他一枚勋章。

后来的 12 年里，有人陆续习难巴斯德。羊的炭疽病、猪的红斑丹毒病、鸡瘟与被视为绝症的狂犬病产生的原因是什么？他不但做出科学的解释，还一一找到病毒，发现治疗和预防疾病的方法，并最终开创免疫学与传染病控制学的先河。

1888 年，巴斯德成为世界公认的对人类最有贡献的科学家，他发现微生物是造成人类疾病的主要原因，控制病菌就可以治疗疾病，甚至可以预防疾病。他在传染病与免疫学上的贡献，使世界上每一个角落的人都得到了帮助。

有一次接受记者采访，巴斯德感慨道："很多人认为大人物之所以能成为大人物，肯定是从小就树立了远大的理想、崇高的目标。其实在现实生活中，琐屑的理想才是支撑我前进的动力。假如你看到一个小男孩在学木工，千万别以为他日后就会成为出色的木匠，也许他会成为总统；假如你听到一个小女孩说，她的理想是成为一名合格的家庭主妇，你也别过于惊讶，也许她将来会成为影后。当年我的理想就微不足道。所以千万别嘲笑一个人的理想，哪怕它像一棵弱小而丑陋的树苗，但无论土层有多厚，压住它的石块有多重，只要它努力的方向正确，那么它的未来就是光明的。"

读完这个故事，我们有没有为巴斯德的嘘唏不止？巴斯德是幸运的，但是他的幸运并不是因为他的出生，而是因为他没有被家族的荣耀迷惑了双眼，自小就确定了自己的梦想：成为一个有学问的人。然后顺着这个这个梦想，由一个个琐屑的理想开始，不辞辛苦地一路路走来——认真读书，成为博士，研究生命的奥秘，找出了蚕生病的原因，提出了高温杀菌……他凭着执着的信念，终于成为世界公认的对人类最有贡献的科学家。

饭得一口口吃，路得一步步走。我们不要有一口吃成个大胖子的想法，这个世界的规律就是循序渐进。我们必须耐心接受四季更替，不能因为我们太喜欢春天，就直接把冬天抛弃。你没有舍去某个季节的权利，就像你不能回避追求梦想的过程中的磨难一样。想求质的飞跃，必须通过量的积累，通过你一步步的努力。这并不是说你能力不够，而是这才是我们必须接纳的过程。

我们都知道通向梦想的道路，没有最初设想的轻松。没有关系，一步步地来，该怎么走就怎么走，能往前跨一步就往前跨一步。只有不停地走、不停地进步，才能离梦想越来越接近。

通向梦想的道路，需要你一步步地去走。

2. 每一个梦想的实现都需要充足的时间

实现梦想需要充足的时间，我们不要草率地因为失败而放弃了对梦想的追求。这个世界没有奇迹，有的只是信任，信任只要时间足够，梦想一定会腾飞。信任自己一定能行。信任坚持下去，时间会赋予自己不一样的明天。

有梦想是好事，实现梦想是我们每个人梦寐以求的美事。但是我们都知道实现梦想并不是简单的事情，追逐理想的路上除了自身的能力不足需要提高外，还要承受着被别人讥讽的压力。可以说，别人的否认也是不可避免的一大阻力。所以很多人因为害怕讥讽，要么放弃了自己的梦想，要么把梦想藏着掖着，害怕暴露在大伙面前。

诚然，尊严是不容侵犯的，但是如果通往梦想的过程中，把别人的嘲讽都看成挑战自己尊严的话，那就有些主次不分了。很简单的一个道理，如果你的梦想达成了，当初嘲笑过你的人还拿什么来嘲笑你？这个时候他们能嘲笑的只能是他们自己。我们需要重视的不是是否被别人嘲讽，而是如何实现自己的梦想。实现梦想就是最大限度地证明了自己的尊严。所以我们无须为了一点点虚无的尊严而遮遮掩掩。

我就是想做某件事，我一定要做好某件事。

把梦想晒出来，需要勇气，但是晒出来之后顶住了压力，就能将压力转换为动力。因为我们都知道每一个梦想的实现都需要充足的时间。

时间是把杀猪刀，我们不可避免地要经历时间的洗涤，我们的梦想是不是还能如最初般坚固，只有通过外界的监督，才能挺过时间的寂寞，更好地把梦想坚持下去。我们要学会给梦想充足的时间，这个过程中自己绝对不要放弃。

1975年，美国人蒂姆·莱泽曼和他的妻子到欧洲旅行，为了享受自助旅游的自由，他们在阿姆斯特丹花了300美元买了一辆二手菲亚特汽车。开起来之后，不是打不着火，就是管子漏水，好在莱泽曼随身带了一把童子军用的刀，干什么都用它，从切面包到开罐头，当然现在又加上了修汽车。

到了需要调校汽车的时候，莱泽曼才深切地感受到手中仅有的这个工具是多么简陋，有时他气得不由大喊："我需要一把钳子！"另一个时刻，他又嘟囔："为什么不是改锥？"有一天，又在跟"老爷车"较劲的时候。他突然灵机一动，为什么不设计一种工具。只要自己所需要的都在上面，那多方便啊！

回到美国后，莱泽曼拿出了一张他绘制好的带有各种工具的折叠刀的草图，跟妻子商量说："我能不能为自己做一把这样的折叠刀，就一把，只需几个月。"

妻子在经历了与他的共同旅行后，非常理解他的烦恼，便答应了。莱泽曼则一头扎进车库里，一边钻研机械工程学，一边摸索着进行金属零件加工。

"几个月"的承诺变成了三年。在费了九牛二虎之力后，莱泽曼完成了两件样品，并顺利通过了专利申请，这让他兴奋极了，真是苦尽甘来啊，他对妻子说："我说过，你的辛苦不会白费的，我敢打赌，很快就会有人花100万美元买下这个专利的。"妻子也很高兴："我就知道你会有大出息的！"

然而想象中的电话一直没有人打来。莱泽曼坐不住了，决定亲自出马。他带着专利找到俄勒冈州波特兰市的格柏公司，它们以生产刀具闻名。他们看了一眼他的发明，说："这不是刀，这是工具。我们不做工具生意。"

"这怎么会不是刀呢？"莱泽曼想不明白，他几乎拜访了所有的大刀具公司，没有人承认这是刀。或许他们是对的，那就算工具好了。他又转头去拜访几家工具公司，可这些人又说："这不是工具，这是小设备，我们不生产。"

失望的莱泽曼想，或许主要是大家对他的发明缺乏认识。于是他给《纽约时报》一个介绍新专利的专栏作家打电话，果然引起了他的兴趣，专门写了篇介绍文章。拿着飘着墨香的报纸，莱泽曼兴奋地说："哇，这应该不会有问题了，我会接到很多电话，我最好出去找一台电话应答机。"

一切准备就绪，莱泽曼整天坐在电话机旁，等着电话悦耳的铃声，结果除了一两个怪人的电话，没有一家公司表现出兴趣。

坐吃山空的日子实在挨不下去了，莱泽曼不得不出去找份工作了。莱泽曼绝望地准备放弃了，他到一家公司去搞销售。

这时莱泽曼大学时的一个朋友史蒂夫·伯林纳听说了他的经历，劝他说："为什么不尝试一种新的方式？"他们合作成立了一个工具公司，然后联系从事维修业务的公司，甚至找到了军方，可得到的答复依然是：用不着。他们又去尝试商品邮购公司，不厌其烦地当面游说，然后按照人家的要求去掉一些功能，又降低了价格，他们的产品才得以登上了邮购产品目录。终于，第一笔订单出现了，一家狩猎和垂钓设备公司订购500件。

他们的"口袋生存工具"逐渐得到了越来越多的野外活动爱好者的青睐，称它比瑞士军刀更剽悍。订单雪片一样飞来，以致生产厂不得不加班加点工作。现在，莱泽曼工具集团每年销售的工具达36个品种250万件，范围遍及从德国到蒙古等80多个国家。

早已成为亿万富翁的莱泽曼心满意足，在回顾自己所走过的道路时，他也不无感慨地说："成功并不容易，有些东西看起来像鲜花，但实际上却是恼人的荆棘。不过在绝望的时候别忘了再多走几步，路或许就在脚下。"

莱泽曼成功了，其实在他完成专利的时候，他差不多已经抓到了梦想的翅膀，但是最后的一步之遥反而耗尽了他更多的热情。在遭受了一次又一次的拒绝的时候，满满的信心变成了心灰意冷，他甚至准备绝望地放弃了。

但是朋友的建议显然为梦想争取到了时间，他们就是运用最后的这段时间进行了最终的改进和游说，从而迈进了亿万富翁的行列。

莱泽曼的故事，向世人证明，实现梦想需要充足的时间，我们不要草率地因为失败而放弃了对梦想的追求。这个世界没有奇迹，有的只是自信，相信只要时间足够，梦想一定会腾飞。相信自己一定能行。只要坚持下去，时间就会赋予自己不一样的明天。

充足的时间，"充足"这个词大抵用在成功之前的黑暗期最为合适吧。

　　有多少人止步于此不得而知，但是这绝对不是一个小数目。如果能坚持下去，挺过这段黑暗期，那么一切是不是都不一样了呢？

　　不要急于宣告结束，每一个梦想的实现都需要充足的时间，一定要给梦想足够的时间。

3. 你只需每天努力一点点，剩下的交给时光

今天背十个单词，明天背十个单词。十天下来就是一百个，一百天下来就是一千个。努力是积累，既然是积累就得天天去做。每天努力一点点，不是说会让人产生飞跃，但在不知不觉中就会给你一个不一样的人生。

今天你努力了吗？如果我们把努力看成达成梦想必须通过的一道坎的话，很多人都会说我很努力，我努力过。

我从不怀疑这句话的真实性，我也相信几乎所有的人都努力过，但是，你有持续不断地努力过吗？

努力是一个漫长的过程，不是一时的兴起。这和运动员训练是一个道理，他不可能因为今天精神足就跑个五万米，明天心情差就不跑了。这样下去的话，别说当运动员了，就是纯粹地锻炼身体也算不上啊！

运动贵在坚持，其实努力也是。绝对不是今天我背三十个单词，然后抱着一本小说书，肆意地看了两个星期，书看完了才想起单词还没有背完，赶紧再去背。这时候发现之前背过的三十个单词也忘得差不多了，还得从头开始……

努力是个积极的词，并不是可以随心随欲，想怎么做就怎么做

的门面工程，努力是一个艰苦的过程。喜欢努力，欢喜挑战，那么还有什么可以难得住你呢？

我们不求每个人都是富有天赋之人，即便痛苦也要学会每天去努力。今天背十个单词，明天背十个单词。十天下来就是一百个，一百天下来就是一千个。努力是积累，既然是积累就得天天去做。每天努力一点点，不是说会让人产生飞跃，但在不知不觉中就会给你一个不一样的人生。

我们一起来看这个故事。

1998 年，乔纳森还是一名大学生，他一时兴起，购买了一部昂贵的数码相机，这项花费远远超出了他所能承受的范围。女友有些不满地质问他："花这么多钱买照相机，你能天天都用么？"他赌气地说："当然！"

话是说了出去，可每天用相机拍什么呢？最容易办到的，就是拍自己了。于是他坐在家中的卧室里，给自己拍了一张面部特写。当时乔纳森也没有什么特别的想法，只是要兑现自己的诺言。可在拍了一个月之后，看着每天自己面部的一些细微变化，乔纳森诞生了一个新的念头：每天拍一张照片，长期坚持下来，不正可以记录时光让一个人所发生的变化吗？

赋予了一件事以价值和意义，这让乔纳森干劲十足。而他每天所做的事其实十分简单：只需要手持相机，举在胸前，连三脚架都不用，然后保持面无表情的状态，按下快门。用他的话说："整个拍摄过程只需 5 秒钟，没有太多规矩，只要头像基本在中间，眼睛睁着，图片不模糊就可以。"

从那以后，每天花 5 秒钟的时间为自己拍照，成了他生活中的一项重要内容，须臾不曾忘记。有时与朋友一起外出参加派对，一想起还没有完成"任务"，即使已到深夜，乔纳森也会拒绝朋友们的挽留，坚决离开热闹的宴会，匆匆赶回家为自己拍一张当天的照片。时间长了后，他便对拍照有了一些强迫症的征兆，哪天没做这件事，就感觉浑身上下都不舒服。

不过也有令乔纳森感觉烦恼的时候，因为有时他险些忘了给自己拍照，特别是在进行长途旅行而且时区发生改变时。他总是搞不清是不是还处在同一天当中，这可能让他漏掉或拍重。

现在，乔纳森已经有了近4000张作品，这数千张大头像忠实地记录了他12年来的相貌"演变"。开始是一张稚嫩的学生脸，留着叛逆的长发，戴着黑框眼镜；后来框架眼镜换成了隐形眼镜，发型从一头乱发到平头，到披肩长发，再到小分头；青春痘此消彼长，皮肤越来越沧桑，人也越来越成熟。

2010年6月，乔纳森将自己12年中拍下的所有大头照编辑在一起，并制作了一个能够让这数千张照片快速变换的"幻灯视频"，上传到了youtube网站上。结果出人意料地引来了数百万人次的点击率，他也因此摇身变成了一名"网络红人"。出名之后，乔纳森发誓说自己会继续自拍下去，直到死亡的那一天。不过他对自己也有了更高的期望："我希望我能走乔治·克鲁尼或肖恩·康纳利的路线，越老越有魅力。"

如果没有女友的怨言，数码相机还是数码相机，和每天坚持下来的拍照没有必需的重合点。但就是因为女友的质疑，乔纳森把天天拍照这个习惯坚持了下来。或许很多人说，不就是每天给自己拍张照片吗？有什么了不起？

是的，就是给自己拍张照片，就是很简单。但是你做到了吗？你身边的人做到了吗？敢问世界上有多少人做到了？

完成一件事，并不是在于它本身的难度，而是在于能坚持多长时间。我们再提背英语单词。一天背十个英语单词很难吗？当然不难，但是要你坚持一百天，坚持一年，坚持十年，能做到吗？

所以，不要轻易给某件事下定论，这件事是简单的还是复杂的。再简单的事情，坚持下来也是复杂；再复杂的事情，天天去做，也会变得简单。

我们不要给自己套上枷锁，觉得有些事太微小，所谓的进步几乎是可以完全忽略不计的。所以就不愿意投入地去做，那是错误的。人的脸每天的变化微乎其微，可是却能从稚嫩的孩童变成满脸皱纹的老人。

所以不要轻易忽视任何细微的变化，坚持每天努力一点点，剩下的交给时光就好。

我很喜欢下面这篇文章：

有一群人，他们积极自律，每天按计划行事，有条不紊，他们不张扬，把自己当成最卑微的小草，等待着人生开出花朵的那天。他们早晨5点多起来健身，你在睡觉；7点开始享受丰盛的早餐，蛋白质维生素淀粉粗纤维样样俱全，为新的一天开了一个好头；当他们收拾妥当准备开始一整天的工作时，你还在睡觉。

他们用上午的高效时间完成了一个又一个任务，甚至发现了新的商机，发现了有可能给人生带来改现的机遇，当午餐时间临近，他们伸了伸腰，准备稍作休息，此时你才起床。

他们的午餐不铺张浪费，却营养全面。他们有选择地进食，因为他们清楚地知道自己想要的是什么，而你也在起床之后感觉到了饿意，你草草洗了脸，甚至连牙都没刷，就打开冰箱，拿出了昨晚跟朋友 High 过之后带回来的薯条与可乐。

午睡之后，他们重新积极地投入工作，而你也终于吃饱喝足，坐在了电脑前。是的，你的一天开始了。

晚上回到家里，他们也打开了电脑。也许是为了完成白天没来得及做完的工作，也许是因为前两天刚报了一个网络课堂。此时你还沉浸在网游中，你发的帖子还不够有人气，你发现关注的小明星又更新微博了。电视剧里男女"猪脚"还没有最后在一起，作恶多端的女二号还没有得到应有的报应。

终于，22 点到了，他们停下了工作，或许去满满的书架上拿下了一本书，或许拿起了自己心爱的乐器打算练练手，或许已经上床睡觉。当然，睡之前他们会想一想，自己在这一天都做了什么，有什么收获，又有什么教训。最后，他们又重新提醒了一下自己那个埋在内心深处的梦想，然后满意地睡去了。此时的你还在等待升级，还在顶帖子。还在刷微博，还在为了男一号女一号而哭哭啼啼，你的一天才刚刚开始精彩。

后半夜，你隐约感到了困意，你依依不舍地关掉了电脑，身上已经很臭，你却懒得去洗一个澡。你走向了乱糟糟的床，钻进了很多天没叠过的被窝。

你隐约知道自己的身边有那么一群"他们"，可是你却没有办法实实在在地感受到他们的存在。

直到有一天，你和"他们"终于浪漫地相见了——

他是老总，你是普通的打工仔；

他是主任，你是弱爆了的小职员；

他游历各国，念着你想念的大学，拍着你想拍的照片，过着你想过的生活；

他和她是各种恣意的小清新，而你，是的，我知道你恨小清新，可是这又有什么关系？

事实已经如此，你就是那个电脑荧光照射下的颓废少年。

不去努力，抛开睡觉前的焦虑和醒来的那刻的迷茫，日子还是比较风和日丽的，做自己想做的事，想玩就玩，想睡就睡，想吃就吃。但是这种所谓的舒服是短时间的。你在睡觉的时候别人在努力；你在玩乐的时候，别人在努力；你在努力的时候，别人也在努力……别人就用他们的努力在不知不觉中把你给竞争中挤出来了，等你醒悟的时候，你已经被淘汰了。

有的人喜欢抱怨生活，这样的人通常很少抱怨自己。一味要求生活赋予你成功，你又赋予成功什么了呢？你连持续的努力都做不到，又有什么资格抱怨生活呢？

只需每天努力一点点，剩下的交给时光，迟早它会交给你一份满意的答案。

4. 在实现梦想的道路上，并不是所有风景都需你欣赏

在实现梦想的道路上，并不是所有的风景都值得你欣赏的。好奇心害死猫，减少一些多余的好奇，踏踏实实、认认真真地奋斗，我们就会减少一些不必要的麻烦，尽早地实现梦想。

在通往梦想的道路上，我们总会接触到一些美好，如果梦想不坚定的话，甚至会忍不住放弃我们最初的目标，停住脚步。就像唐僧师徒去西天取经路过女儿国的时候，富饶的生活，闭月羞花的姑娘，吸引力自是不一般，如果唐僧不是执着于经书，而是为人处事像八戒一样的话，恐怕这段故事会重写。好在唐僧还是理智的，并没有被花姑娘迷了眼，最后还是虔诚地领着徒弟奔着佛祖去了。

试想，如果唐僧留下的话，就表面看，他的日子也是颇好过的，但是离他最初的梦想相差十万八千里。即便看着再舒服，但是心底终究还是失落的，毕竟再舒适的生活也不是他最初的梦想。

所以追逐梦想的时候，我们不要轻易被中途的风景迷花了眼，美丽的风景太多，如果所有的风景都能影响我们的目光，随时吸引我们驻足欣赏。不要讲会动荡我们最初的梦想，那也是浪费时间。浪费了时间精力，挫伤情绪，对一个追逐梦想的人而言，是有百害而无一利的。

在实现梦想的道路上，并不是所有的风景都值得你欣赏的。好奇心害死猫，减少一些多余的好奇，踏踏实实、认认真真地奋斗，我们就会减少一些不必要的麻烦，尽早地实现梦想。

他是一个年轻有为的老总，刚刚 39 岁，就有亿万身家，更难得的是，他是白手起家，没有任何背景。

在一个商务会议休息间隙，我非常好奇地请教这位老总，为什么能够从白手起家干到现在的亿万富翁。他笑了笑说："只是因为我很早就'习惯被拒绝'。"

这个说法非常奇怪，看我满脸迷惑的样子，老总笑着开始具体给我解释他这句话的意思。

因为家穷，他高二的时候就出去打工，在深圳，他费尽周折，被人拒绝很多次后，终于在一家饭店找到了做服务员的差事。

他不怕吃苦，饭店的脏活累活抢着干，光土豆丝，他每天就得切满满三大盆。一天，一个厨师悄悄地说："兄弟，我看你能吃苦，做人也挺机灵，嘴巴也不笨，我感觉你挺适合做销售的。"

于是，他辞职了，开始找销售这个行业。但是，因为那个时候，他刚刚十八岁，年龄还算小，又没有销售的经验，于是，总是被人拒绝。

深圳那么多的工厂和公司，他不信自己找不到一家公司接纳自己。于是，一家家地找，一家家地被拒绝。最后，一家卖电池的公司接纳了他，底薪很低。他买了辆二手自行车，自行车后面带着两箱子电池，遇到小卖店就上门推销。结果，总是被拒绝。一天，一个超市老板在门口和别人下象棋，他在旁边看，老板赢了棋，他适时地夸奖老板水平高，老板扭过头看看他："你这小伙子真有意思，我都拒绝你三次了，你还不死心，真有股子倔劲啊！这样吧，我买你一百板电池（一板四节），如果质量好，以后我还进你的。"于是，在经过这个老板的三次拒绝后，终于成交了第一笔生意，自己也拿到了第一笔销售提成——四十元。

经过努力，二十岁那年，他成了全公司最好的销售员，每个月的销售提成就能上万。

虽然销售业绩相当可观，但是，电池行业毕竟销售数额不大，于是他跳槽到一家公司做安全防护产品的销售，这个行业的客户都是矿山、油田、消防、石化、井架等需求很大的客户，通常，只要做上一单，销售额就能达到几百万甚至上千万，就是个小合同，也能达到几十万。

于是，他跳槽到这个行业发展。虽然以前干过销售，但是，毕竟隔行如隔山，以前苦心经营下的销售网络没有任何作用，还得从头开始。

他每天就是打电话，从百度搜索到相关的公司，然后打电话进行推销，这样的推销电话，他每天能打几百个，虽然都是拒绝，但是，他毫不泄气。终于有个矿山因为应付上级主管单位的安全突击检查，临时需要购买一批安全防护产品。"瞌睡正好遇到枕头"，他签了这个八百多万的合同。还有一单合同是因为一个客户和一个公司产生了矛盾，客户一生气，准备换公司，这个时候，他的电话打来了，于是，签订了这个三百多万的合同。

他每天至少打四百个电话，试用期三个月，他打出了几万个电话，绝大多数是拒绝，成功率甚至达不到万分之一。但是，正是这不到万分之一的成功率，正是这两单共一千余万的销售额让他顺利转正，成为这个外企大公司最年轻的销售员。

后来，有了销售网络和一定的资金后，他开了个公司，代理一家安全防护公司的产品，事业开始快速发展起来。

对于一个毫无背景、亦无根基的人，每月的销售提成能上万在很多人眼里应该可以安心驻足了。很显然，月薪上万的差事在一般人眼里已经是美妙非常的风景了，能在这样的风景下生活下去已经是令很多人羡慕不已的好差事了。但是，这样的风景没有留住他的脚步，他继续走了下去，终于成了亿万身家的大老板。

其实，遭遇好的风景，偶有驻足还是可以理解的。毕竟美好的东西总有些吸引力的。在没有看到最初设定得更美好之前，有些犹豫也是可以理解的。但是，途中的并不都是好的风景，如果连差的风景都不愿意放过的话，那人的一生得多走多少弯路，得搁浅多少次啊？那不是我们短暂的人生能耗费得起的。

我们的人生不是用来消耗的，而是用来争取的。在梦想现实之前，我们要坚定我们的信念，不要轻易让路边的风景闪了我们的眼。在实现梦想的道路上，并不是所有风景都需要我们欣赏。

5. 你必须每天都很努力，才能毫不费力地实现梦想

梦想是我们自己的，明天也是我们自己的。想有什么样的明天，必须从今天准备起来。临时抱佛脚，除了寻求一点心理寄托，没有任何作用。我们必须每天都很努力，才能实现梦想毫不费力。

我们都知道努力是实现梦想必不可少的法宝，就像唐僧控制孙悟空的紧箍咒。没有紧箍咒的威力，唐僧就是念十万八千遍的紧箍咒也无法把这只野性十足的猴子收服。

在实现梦想的过程中，努力比天资更为重要。

诚然，有天资是别人艳羡的资本，你把课文读两遍就能把课文背出来，而别人得读十遍才能背出来。天资是一个人先天的优势，充分发挥天资能占一定的优势，但是如果你连读两遍课文的时间都不愿意放上去，那么你还能奢望什么样的成功呢？别人读十遍才能背出来是比你慢，困难比你大，但是，别人一直在读，而你自恃有天赋，不愿意去触碰书本。一天或许还看不出其中的差距，但长时间下来，其中的差距就很明显了。

天资再好也赢不了勤奋的苗子。

所以，不管我们有什么样的优势，我们都不能忽视努力的重要性。我们要谨记一点，只有努力才能完成我们需要的原始积累。知

识的积累，金钱的积累，气质的积累，情商的积累……

是的，就像你看到的那样，需要我们努力的地方有很多很多，我们只有全面地提升自己的素质，才能让自己立于不败之地，才能毫不费力地实现梦想。

梦想是我们自己的，明天也是我们自己的。想有什么样的明天，必须从今天准备起来。临时抱佛脚，除了寻求一点心理寄托，没有任何作用。我们必须每天都很努力，才能实现梦想。

如果不是当年的那次咬牙应聘，现在的熊素琼可能还在重庆乡下种田呢。

初中毕业后，熊素琼就到重庆一家小旅馆做服务员。1994年底，她在报上看到东莞市宝石大酒店（三星级）来重庆招工，便去报了名。当时，酒店打算在重庆招120名女服务员，却有一千多人应聘。

第一天初选，熊素琼就因文化低、身高不够没有过关，因为应聘者大多数是大中专女生。当时她很失望，但她立即想：能当一名清洁工也好。于是，她想出了一个"馊主意"——她从废品店里买了一个布满灰尘的旧马桶，然后扛到招聘现场，大胆地对主考官说："经理，我是个农村女孩，虽然没啥子文化，但有的是力气……"她一边说，一边蹲下去用抹布认真地擦马桶。只见她像擦一个古董一样，从外到里，又从里到外，一会儿工夫就将马桶擦得油光发亮……主考官见这个矮个子姑娘竟能气定神闲地扛起一个几十斤重的大马桶，十分震惊，现在又看了她的"专业表演"，更是目瞪口呆，当即聘她做清洁工。

就这样，熊素琼来到了东莞。半年后，酒店总经理检查工作时发现：除了熊素琼负责的第六层所有房间外，几乎每层都有客人反映马桶脏的问题。总经理听说后，当即提升熊素琼当卫生间清洁班班长。尽管被人嘲笑为"马桶班班长"，熊素琼却从不在意，而是专心搞好管理工作，并学习马桶方面的知识，比如如何节水等。

1996年1月，客房部的一个副经理辞职走了，许多主管、班长都盯着这个职务。客房部经理觉得熊素琼做事是一把好手，鼓励她毛遂自荐。熊素琼当然也想试试，但她知道，酒店里硕士、本科人才比比皆是。她觉得自己这时去争副经理为时尚早，不如先去补上"文凭低、气质差"这一课再说。

于是，她一边努力工作，一边自学酒店管理知识。两年后，她拿到了北京师范大学饭店经营与管理专业的大专毕业证，并被提升为卫生班主管。为了把自己做清洁的经验传授给员工，她特意整理了自己进酒店来每天记下的174本工作日志，记录了她三年内总共洗了7987次马桶。总经理看后，非常感动，在酒店工作会议上表扬她说："熊素琼的条件虽然比在座的各位都差，但她的工作态度是最好的！看看她这些工作日志吧，刷了7987次马桶，对于一个有志向的人来说，就是7987次磨砺！我不认为这是流水账，我更愿意把它当作酒店管理行业的'马桶学问'！"

得到酒店高层的赏识后，熊素琼更加自信。她不仅去美容店请师傅帮她设计了发型，还经常到健身中心运动、塑身。几年下来，她漂亮、时尚多了，朋友都说她越来越像职业女性了。

但熊素琼始终没有丢掉"马桶精神"。2000年6月，酒店搞了一次客房部经理竞选，10名候选人都是本科以上文凭的管理精英。在演讲时，熊素琼激情地说："与你们相比，我更像是酒店里的一个马桶，经常被人不屑一顾，但马桶也有心愿，那就是它希望能给所有客户带去放心、卫生、健康的服务……"演讲完毕，掌声不断，最终她成功当选为客房部经理。

两年后，熊素琼升任服务部经理，管理整个酒店的服务工作，并参加清华大学紫光集团教育培训中心的学习，拿到了《高级职业经理人》证书。2005年初，她开始攻读中山大学岭南学院的EMBA学位。2006年11月，她被猎头公司挖到东莞市最豪华的五星级酒店华通城大酒店出任副总经理。

2009年7月，熊素琼到香港参加一次国际交流活动，面对几十位来自世界各地的高级酒店管理专家、教授等，她又谈起了她的"马桶经验"："酒店管理人员时刻要把自己放在一个较低的位置，用最高质量的服务去满足客户的需求，无论遇到多麻烦的事情，都要用擦马桶一样的耐心去解决……"她的"马桶学问"还被收入了法国著名酒店管理专家希尔维教授编撰的《世界酒店业经营全书》中。

如今，熊素琼已是东莞赫赫有名的职业经理人，但她仍在奋斗着——攻读瑞士洛桑酒店管理学院硕士学位，争取拿到通向世界的金钥匙！

一个初中毕业生，为了在大城市的酒店中为自己谋到一席之地，抱着马桶应聘清洁工。我们暂且不去讨论一个女孩抱着一个旧马桶去应试需要多大的勇气，就为达成自己的初步目标，努力寻找机会的这份心思，已经让无数人刮目。

这个世界很少有唾手可得的东西，很多东西都是需要自己努力才能得到。

熊素琼有多努力？一个农村出来的矮个子姑娘，除了一点蛮力和洗厕所的认真劲，什么都没有。可是她不露声色地做了清洁班班长，取得了一张张证书，给自己升职打下了基础。即便成为赫赫有名的职业经理人，她还在攻读瑞士洛桑酒店管理学院硕士学位。

努力是什么？是放低姿态，孜孜不倦地学习、学习，再学习……只要涉及自己梦想范畴，不懂的就去问，再不懂的就去学，还不懂的继续问继续学，这就是努力。

努力不是撑场面的话，努力也可能会让你变得卑微。但是用今天的卑微换取明天的光芒四射，这样的收益还需要考虑什么？

成功都是来之不易的，想成功必须有所付出。这样的付出可能是你无法想象的。你的努力，你所花费的精力，在别人眼里只是可笑的投资。但是有什么关系呢？你只是在做你想做的事情，你只要记住，你付出认真付出精力的同时，你的学识见解在长进，而那些就是决定你成功的必备因素。

你必须每天都很努力，才能实现梦想。

6. 将每天抱怨的时间全部投入到实现梦想的行动中去

每个人的人生道路是不一样的，不管我们遭遇了什么，那都是我们该经历的。我们只有接纳这个现实，不被它打垮，蓄积能量，再次站起来。将每天抱怨的时间全部投入到实现梦想的行动中去，才能最终拥抱梦想，获得成功。

人生不可能一帆风顺，所以很多人都会抱怨。

抱怨命运不公厚此薄彼，抱怨家人不能成为自己坚实的后盾，抱怨朋友没有及时地伸出援助之手，抱怨自己为什么要遭受这一切……

我们总是习惯把别人的光鲜和我们的阴暗相比，用自己的失败对比别人的成功。他为什么可以成功，为什么我总是失败？

这样的比较多了，心态就会越来越差，抱怨就会越来越多，斗志越来越弱，最终，只能把最初的梦想遗忘在历史的垃圾桶中。

其实，不是我们的成功艰难而别人的成功容易，我们只看到别人的成功，却忽视了他们也经历了类似于我们的黑暗的日子。正因为太黑暗，所以轻易地被我们忽视了。而自己身处其中的时候，又会被无限制地放大。

这是一种消极的不公平的情绪。原本就没有站在公平的立场上，又怎么能公平地得出结论呢？再说，每个人的人生道路是不一样的，不管我们遭遇了什么，那都是我们该经历的。我们只有接纳这个现实，不被它打垮，蓄积能量，再次站起来。将每天抱怨的时间全部投入到实现梦想的行动中去，才能最终拥抱梦想，获得成功。

拨开别人的光鲜，我们一起来看看光鲜之前，别人经历过什么。

恩佐在1898年出生在意大利的一个赛车手家庭里，他在父亲的影响下渐渐长大，正在他满怀热情地准备像父亲一样做一位优秀的赛车手时，第一次世界大战爆发了，他被招进部队里负责养骡子。

几年后，恩佐退伍回到了家中，但这时家里已是一片疮痍，父亲和哥哥先后故去，为了生活，他走上街头想要找到一份工作。但那时候复员回家的年轻人实在太多了，他根本没有足够的运气找到工作。无奈下，他到一个农场里养起了骡子！养骡子的生活虽然悠闲自在，但恩佐总是觉得无比空虚，他总觉得这不是他真正想要的生活，但是严峻的就业环境容不得他有更多的选择！

两年后的一次，恩佐像往常一样骑在骡背上赶着骡群到外面去放养，眼前的场景让他惊呆了，原来这天有几家汽车公司正在举行一场跑车耐力赛，而终点恰恰设在这里！

这个场景对于一个曾经梦想做一位优秀赛车手的恩佐来说，无疑是充满诱惑的。他骑在骡背上，幻想着自己正驾驶着一辆跑车在旷野中驰骋了起来。但骡子的体力并不好，很快就跑累了，并停了下来。

恩佐正无奈地往回骑，这时一位车手驾驶着跑车来到他的跟前说："请远离这里，这里非常危险！"

"对不起，我实在控制不住内心的激动，我多么希望自己是一位赛车手，但我却只能骑着我的骡子胡乱奔跑！"恩佐沮丧地说。

"你也会驾驶跑车吗？"那位赛车手问，"我非常愿意把我的车子让你驾驶几分钟！"

"我会驾驶，但是我只能骑在我的骡子上，因为我现在只拥有这些骡子！"恩佐回答。

"那么，实际上你并不想驾驶赛车，是吗？"赛车手问他。

"当然想，只是我没有办法实现我的理想！"恩佐回答说。

"我想知道的是，骡子会变成跑车吗？"赛车手突然问了一个很奇怪的问题。

恩佐被问呆住了，他说："你真爱说笑，骡子怎么可能变成跑车？"赛车手笑笑说："既然你的骡子不会变成跑车，那么，你骑在你的骡子上告诉别人你会驾驶赛车，而且渴望驾驶赛车，却并不愿意从骡背上跳下来，你不觉得这很滑稽吗？"

赛车手的这番话，给了恩佐很大的鼓励，他一咬牙从骡背上跳了下来，径直走向赛车，打开驾驶室的门，那位赛车手很主动地坐到了副驾驶座上去。恩佐慢慢启动了车子，油门渐渐加，速度渐渐加快，他兴奋地大叫了起来……

十分钟后，他们回到骡群这边。意犹未尽的恩佐正准备开门下车，那位赛车手说："明天来cmn汽车公司报到，只要你愿意，从今后你将成为本公司的赛车手！"

原来，这位赛车手的另一个身份是意大利著名的国家机器制造公司cmn的赛车会副主席！从那以后，恩佐就来到了公司从事赛车手兼试车手的工作。短短几年中，他凭着优秀的驾驶技术在各种大赛中出尽了风头，参加了39场大奖赛，获得了11场冠军。这让他不仅达成了自己的理想，而且还创造出了无限财富。

十年之后，恩佐想到了要生产汽车，然而一位赛车手如何可以成为一位汽车老板？在这个时候，他再次想起了"骡子是不会变成跑车的"这句话，于是决定致力一试，经过几年的准备后，他终于在1940年成立了自己的跑车公司，他把公司和跑车品牌全部以自己的姓氏命名为"法拉利"，他的跑车以速度和性能而闻名，在之后的岁月里被誉为"红色闪电"！

没错，他就是被誉为"红色闪电"的法拉利汽车创始人恩佐·法拉利！

法拉利，对爱车的人而言，这个名字绝对是可以让他们眼睛发亮的。但是，但我们读了这个故事，我们是不是会有一点不一样的感觉？

法拉利的创始人是个赛车手，在成为赛车手之前，他竟然是个养骡子的！其中的反差有多少，恩佐的失落就有多少。他肯定也会沮丧，也有抱怨的时候，但是他并没有放弃他的渴望，即便坐在骡子背上，他还想体验一下赛车手的激情。也正是这种激情，才促使他终于握住了赛车的方向盘，取得了无限财富，成就了他想成为汽车老板的第一桶金。

我们完全可以试想一下，如果他只会抱怨的话，当赛车手开着跑车要求他离开的时候，搞不好他会骑着骡子奔过去。那么还会有后来的故事吗？

抱怨是腐蚀心灵的毒药，它除了让你越来越不满意命运的不公外，不会对你的人生有任何帮助，所以我们一定要尽力抑制它的诞生。要用积极的心态看待问题。困难之所以是困难，是因为我们还没有解决它的办法，如果我们提高了自己的本领，解决了困难，那么困难还是困难吗？它只不过是迫使我们进步的良药罢了。

我们要学会转换角度地看待问题，将每天抱怨的时间全部投入到实现梦想的行动中去，你就会发现，原来不抱怨是很值得庆幸的事。

7. 每天进步一点点，上帝都不能阻挡你梦想的实现

设想得再美好，没有一颗敢于超越的心，都是一纸空谈。任何时候我们都要有一种积极的心态，虽然在别人的眼里积极得不够彪悍，但是没有关系。我们就是这样的小人物，每天进步一点点就足够了。一点点也能累积成不容忽视的蜕变！

急躁是我们的通病。

倒不是说我们不能静下心来认真地处置一些问题，不够沉稳，不够成熟，而是在追赶梦想的过程中，一次次的失败最终磨灭了我们的耐心。这是时间留给我们的痛楚。

我们都知道，追逐梦想的过程需要比跑马拉松更强劲的毅力，毕竟马拉松的公里数是确定的，我们能估算个大概，知道什么时候可以结束。但是，追逐梦想，我们不知道我们离最终的成功具体有多远的距离，很多时候，明明已经站在梦想面前了，却因为没有勇气挑起最后的一层薄纱，最终与梦想失之交臂。

一个人长时间地徘徊在压力和失败之间，再好的心态也会变得浮躁。所以我们要学会享受成功，给自己一定的鼓励和动力。

我们不要把目光看得太远，就看眼前，不求多少，每天进步一点点。是的，只要一点点。今天看不明白的某个问题，要努力把它

看懂，那就是进步。当我们学会享受进步带给我们的喜悦的时候，就不会觉得生活枯燥，追逐梦想的过程无聊了，有进步就有快乐！每天进步一点点，很多天以后就是进步很多，量变决定质变，梦想不再遥不可及。所以我们要重视我们的进步，我们完全可以在不知不觉地进步中，实现我们的最终梦想。

我们一起来读一则一个老师讲的故事。

新学年开始，我再次担任了初二班的班主任。时间不长，就发现教室后排一个不起眼的角落里，安静地坐着一个女生，上课时只是静静地听课，默默地完成作业，但从不发言。课余时间也是一个人静静地坐着，从不和同学们交流。考试成绩一直位居中等偏后，虽不尽如人意，但确实找不到能够批评她的理由。

这天上早读课，我专门将她叫出来，想了解一下她的情况，我讲了半天，她却不愿多说一句话，最多只是"嗯"上几声，从只言片语中，我了解到，她的父母离异，她跟着母亲生活，家庭经济条件不好，性格内向自卑，所以不愿和外人交流。看着她没说几句，已泪眼婆娑。

过了几天，我再次叫她出来，这次，我只是静静地给她讲了这样一个故事：

有一个女孩，小时候身体十分纤弱，体育课上，每次跑步都落在最后，这让好胜心极强的她感到非常沮丧，甚至害怕上体育课。

这时，小女孩的妈妈安慰她："没关系的，你个子小，可以跑在最后。不过，孩子你记住，下一次，你的目标就是：只追前一名。"

小女孩点了点头，记住了妈妈的话。再次跑步时，她就奋力追赶她前面的同学。结果从倒数第一名，到倒数第二、第三、第四……一个学期还没结束，她的跑步成绩已达到中游水平，而且也慢慢地喜欢上了体育课。

接下来，妈妈把"只追前一名"的理念，慢慢地转移到她的学习中，"如果每次考试都超过一个同学的话，那你就非常了不起啦！"

就这样，在妈妈引导教育下，这个女孩2001年居在从北京大学毕业，被哈佛大学以全额奖学金录取，成为当年哈佛教育学院发录取的唯一一名中国应届本科毕业生。

其后，她在哈佛大学攻读硕士、博士学位。读博期间，她当选为有11个研究生院、1.3万名研究生的哈佛大学研究生总会主席。这是哈佛大学370年历史上第一位中国籍学生出任该职位，引起了巨大轰动。

她的名字叫朱成。

我给她讲完这个故事，没有多说什么话。

过了几天，我惊奇地发现，她居然开始在我的语文课上，抬起头看着我，我便给了她一个灿烂的微笑。后来的日子里，她依然如同一株百合安安静静的，但成绩却有较大的提高。

又过了一段时间，在她的一篇作文里，她这样写道："只追前一名，改变我对学习的态度，改变了我对人生的态度，它是一粒种子播下了自信，它是一支蜡烛照亮了心田，它是一座灯塔指引了方向，让我收获了一种信任，一种温暖，一种期待。"

后来，这名女生成绩名列前茅，性格不再内向，上课时发言积极了，和同学们关系融洽了，还参加了学校组织的各类文体活动，第二年初三毕业，考入本市一所省级重点高中。

孩子的蜕变，与她的习惯有关。所谓的好习惯就是努力，只是努力的动力何来？读下这个故事就懂了：只追前一名。

大进步固然是好的，但是大进步阻力也是很大的。尤其被大进步击垮信心，还不如把目标切割，就像故事中所讲的那样，只追前一名。如果想前进十个名次，一下子跨越这个数字，无疑是比较有难度的，我们完全可以一个名次一个名次地前进，目标降低了，受挫的风险就会减低，而最终的结果是一样的。

但说这么多，前提是一致的，得努力，得进步。设想得再美好，没有一颗敢于超越的心，都是一纸空谈。任何时候我们都要有一种积极的心态，虽然在别人的眼里积极得不够彪悍，但是没有关系。我们就是这样的小人物，每天进步一点点就足够了。一点点也能累积成不容忽视的蜕变！

只要有一颗进步的心，上帝都不能阻挡我们去把梦想实现。

第七章
用一生的行动来实现一个梦想

　　一个人怀有一种什么样的心态，想走什么样的道路，全在于我们自己的一念之间。但是有一点是肯定的，你不停地奔向梦想，一定会离梦想越来越近。只要你能坚持到最后，一定能成功地拥抱梦想！

1. 用一生的行动来实现一个梦想

梦想是我们对生命的念想，是黑夜里的灯光。所以我们千万不要轻易放弃自己的梦想。即便实现梦想是一条漫长的道路，久到我们都无从讲述梦想的开始。没有关系的，只要你还沿着梦想的阶梯攀爬，就会很精彩。

一个人如果毫无追求、得过且过地过日子的话，一生的时间真的太短了，还没来得及明白生活真谛的时候，人生就走完了。合上眼睛的时候，再回想自己的一生，不知道会不会有所遗憾？

没有梦想的人生是卑微的。就像空气中飘浮的尘埃，明明可以落入泥土，成为花木虫草的一丝依仗，却因为自己的无求，自始至终只能飘浮在空中，以一个旁观者的姿态看别人的花开花落，喜悦是别人的，成就是别人的，梦想是别人的。这样的人生是不值得提倡的。

我们必须有一个属于自己的梦想。人只有有了梦想，才会有源源不断的激情和能量，我们人生才会变得五彩缤纷、多彩多姿。

梦想是我们对生命的念想，是黑夜里的灯光，所以我们千万不要轻易放弃自己的梦想。即便实现梦想是一条漫长的道路，久到我们都无从讲述梦想的开始。没有关系的，只要你还沿着梦想的阶梯攀爬，就会很精彩。

我们不能控制掌控梦想的时间，但是我们完全可以做到一点，可以执着地用一生的行动去实现一个梦想。

那是对自己人生的一种坚持。

恐怕很多人都已经记不清自己儿时的梦想了吧？但有个女孩却一直坚持着自己儿时要做世界冠军的梦。为此，她每天都早早起床跑步，课余时间除了帮父母做家务就是参与各种体育活动。

后来，她不得不忙于学业；再后来，她又结婚、生子；然后要照顾孩子。孩子长大后，婆婆又瘫痪了，她又要照看婆婆。接下来，她又要照顾孙子……转眼间，她已经六十多岁了。总算没有什么让她分心的事情了，她又开始锻炼身体，想实现童年的梦想。她的丈夫开始总是笑她，说他没见过一个六十多岁的人还能当冠军的。后来他却被她的执着感动，开始全力支持她，并陪她一起锻炼。三年后，她参加了一项老年组的长跑比赛。本来就要实现她的冠军梦了，谁知就在她即将到达终点的时候，不小心摔了一跤，她的手臂和脚踝都受伤了。与冠军失之交臂的她痛惜不已。

等伤好了，医生却警告她，以后不适合再参加长跑比赛了。她沮丧极了，多年的心血白费了，难道冠军梦就永远也实现不了了吗？这时，丈夫鼓励她说："冠军有很多种，你做不了长跑比赛的冠军，可以做别的项目的冠军啊。"从此，她开始练习推铅球。

允许老年人参加的比赛并不多。七年后，她才等到了机会，报名参加了国外一场按年龄分组的铅球比赛。但就在出国前夕，她的丈夫突然病倒了。一边是等待了多年的得冠军的机会，一边是陪伴了自己大半生的丈夫，她最终放弃了比赛的机会。

多年后，她终于等到了世界大师锦标赛。这场大赛不仅包括铅球比赛，而且参赛选手的年龄不限，并按年龄分组比赛。不过，这项比赛却是在加拿大举办，离她的国家太远了。她的儿孙都不让她去。因为当时的她已经快八十岁了。虽然不能去，但她依然坚持锻炼。她坚信，自己有一天一定能当上冠军。

转眼，又20多年过去了。2009年10月份，世界大师锦标赛终于在她的家乡举办了。来自全世界95个国家和地区的28292名"运动健将"参加了本届全球规模最大的体育赛事。虽然当时的她已经年过百岁，但没有人能再阻止她的冠军梦了。

那一天是10月10日，阳光明媚。她走上赛场后，举重若轻地捡起八斤多重的铅球放在肩头，深呼吸，然后用力一推，铅球飞出4米多远。这一整套流畅的动作让现场的观众们惊呼不已，都纷纷站起来给她鼓掌。她也凭此一举夺得了世界大师锦标赛女子100岁至104岁年龄组的铅球冠军。

记者问她："您这么大年纪还能举得起这么重的铅球，真是令人惊叹。您是怎么锻炼的？"她骄傲地回答说："我每周5天定期进行推举杠铃训练，我推举的杠铃足有80磅（约36.29公斤）。虽然我知道，只要我参赛就一定能获得冠军（在这个年龄段，能举得起这个重量，还能来这里参赛的人只有她一人），但那样对我来说太没意义了。我要向所有人证明，我不是靠幸运，而是靠实力夺取冠军的。"她的话赢来了众人热烈的鼓掌。

她就是澳大利亚的百岁老太——鲁思·弗里思。

一个将梦想坚持了百年的人，魔鬼也许可以阻挡她实现梦想的脚步，却无法阻挡她梦想成真！

人一生的时间是有限的，但是在我们生命还没有终结的时候，我们不要放弃我们的梦想。那些在别人眼里可能很荒谬的梦想，如果我们坚持去实现的话，可能并没有世人想象的这么难。

鲁思·弗里斯，这个澳大利亚的百岁老人，用她的坚持谱写了一首成功之歌，她用自己的成功向世人证明了这个真理。

一个能将梦想坚持一辈子的人，即便没有成功也是幸福的。因为他心无旁骛，一直在投入精力，她耐心地追逐属于自己的希望。他的眼里只有梦想带给他的颜色，其他的所有的困惑磨难都不会深入他的眼底，有梦想陪伴的人，始终是幸福的。

我们总是害怕于实现梦想的途上遭遇到的阻力，总是习惯忽视梦想带给我们的希望。这是不公平的。

用一生的行动实现一个梦想，不是苦难，而是涅槃，是洗刷灵魂之后的一次重生。我们要用积极的心态积极地去看待问题，你会发现花费一生的时间去认真地做一件想做的事，是很幸福的事情。

2. 别让别人的看法，挡住了你的光芒

我们不要轻易被别人的看法影响。只要你觉得那是好的、对的、对你有益的，这样做你会快乐，那么你就去做。千万不要改变自己最初的想法，让别人的看法遮挡住你前进的脚步。

在面临抉择的时候，很多原本雷厉风行的人也会犹豫不决，要如何走下去，如果我这样选择对不对？这个时候，原本理智聪慧的大脑也会停滞，他们急于找到一个肯定的答案，往这边走，还是往那边去。这样是不对的，那样才是对的。

这个时候我们就会求助别人，反正是各有各的说辞，各有各的道理。最终能决定如何去做的还是你自己。

这个时候别人的看法虽然和你最初的期望有所出入，但影响不大。至少你愿意去咨询的人大抵都是你信任的，不管他们怎么说，他们的出发点都是善意的，都是想看到你取得更大的成功。

怕就怕在我们追逐的过程中，别人以别人的思维发表他们的高见，而这些所谓的高见往往是以打击你为目的。不是说那些人见不得你成功，而是就他们的目光，完全不能正确地估测你和梦想之间的距离。那些对他们而言不可能的事，到你这里或许就有可能；那个在他们眼中无所事事、毫不聪明的人，其实也有他们看不到的优

点，恰恰他们忽视的那部分才是决定成功的最重要的因素。

所以，我们不要轻易被别人的看法影响。只要你觉得那是好的、对的、对你有益的，这样做你会快乐，那么你就去做。千万不要改变自己最初的想法，让别人的看法遮挡住你前进的脚步。

1968 年 3 月，苏联西南部索契市第一中学，海姆高举着手，示意老师提问自己，他刚刚动手试验了一项搞笑的发明：他想用磁力让一只青蛙悬浮于半空中。

索诺斯基老师让他站起来，海姆向周围的同学们做着鬼脸，展示着自己伟大的成就。他站在课堂上，将一只青蛙放在课桌上，然后将一枚巨大的磁铁高高地举起来，青蛙神奇地被吸了起来，虽然只有短暂的几秒钟，但令现场的同学都大跌眼镜。

海姆的解释让大家瞬间释疑：他将一枚巨大的铁块塞进了青蛙的身体里。索诺斯基老师对他的恶作剧表示反感，他大声地怒斥着他："青蛙是对人类有益的动物，你这样折磨它，它会生气的!"

海姆下课后遭到了惩罚，许多同学对他的这项发明嗤之以鼻，认为他只不过是个十足的小丑罢了。

海姆又对铅笔产生了浓厚的兴趣，尤其是对铅笔中的石墨，如果将来有一天，将固体石墨变成液体石墨，岂不是一件十分快乐的事情，他将石墨刮了出来，加入了各种液体。曾经有一次，他在自制的实验室中实验时，因为一场火灾而烧焦了自己美丽的头发，他为此懊恼不已，劝告自己再也不要痴狂于这些无聊的梦想了。

进入英国曼彻斯特大学后，他对这些别人看似无聊的游戏更加痴迷，他与同伴合作，想从铅笔的石墨中分离出石墨烯，因为这是一种公认的最薄的、最坚硬的、也是传导速度最快的新型材料，许多科学家都在研究这项技术，但他们都无法成功剥离出石墨烯。

经过长达十年的努力，他们成功地用一根胶带，采用撕裂的方法从铅笔的石墨中成功地分离出了石墨烯，这个结果的问世，震惊整个世界。

由于他们的突出贡献，安德烈·海姆和康斯坦丁·诺沃肖洛夫获得了 2010 年度诺贝尔物理学奖。

看起来十分简单的实验过程，却得到了意想不到的成果。有时候，狂想加上努力、加上自信、加上机遇，也可能成为鸣奏成功的交响曲。

事实就是这样，旁人只看到海姆在折磨青蛙，却不知道海姆的出发点不是为了虐待青蛙，而是在做一个新颖的尝试。旁人有错吗？没有。他们只看到了事情的表象，没有深度去挖掘海姆这么做的动机，所以在他们眼里，海姆的做法是错的。

如果海姆受了他们观点的影响，放弃了自己的求知欲，不再尝试，那么还有他的诺贝尔奖吗？很多事情在意见分歧的时候，并不一定是谁对谁错，可能没有谁对谁错。能坚持自己的梦想，不被别人的看法左右就是对。

我想起了《小马过河》的故事，河水的深浅于每个人都是不一样的，自己不去尝试又怎么知道那是对的还是错的呢？别人的观点终究是别人的观点，我们要做的是成就我们自己的人生。不要有遗憾，要快乐。

所以千万不要让别人的看法影响你的计划，你的光芒不是别人能给予的，得靠自己去争取。

那时，我上小学四年级，一个偶然的机会，在一家报纸上看到一则征文启事。我忍住狂乱的心跳，在一个无人的夜晚，写了篇题目为《我的理想》的作文。第二天，像做贼一样把信投进邮筒。

在稿子寄出好长时间里，我一直都沉浸在幸福和忐忑不安中。然而，一切似乎并没有改变。太阳依然东升西落，每天还依然是上学，放学。

一天，我吃完午饭到教室，看到有好多同学正围着班长狂笑不已。看到我进来，笑声更是像决堤的洪水。他们用手指着我大声说："看，咱班的大作家来了！"我一惊，猛然想起投稿的事，难道我的文章发表了？我正不知所措时，班长兴冲冲地走到我跟前："作家同志，我们班因你而骄傲！"他的话刚说完，笑声再次轰然而起。

这么多年来，我一直默默守候在教室的角落里，有很多老师都不知道我的名字，现在猛地被推到风口浪尖，一时变得手忙脚乱。"怎，怎么了？" "怎么了？"班长脸一扬，"你的文章发表了。" "啊！"我忽然有一种被抛到半空的感觉，一下子跳了起来，然后抓住班长的肩膀使劲晃着："真的吗，真的吗？"哈哈，教室里再一次响起哄堂的笑声，还有的干脆使劲敲起桌子。"真的！"班长说着把一封已经开口的信扔到我的身上。我匆匆打开，里面是我的那篇文章，只是在第一页上多了几个字："退回，继续努力。"

时光顿时凝固了，我的心一下子跌到失望的深渊，真恨不得找个地缝钻进去。"你的理想不是当作家吗，我看你干脆当'家作'得了，在'家'里'作'！"他的话就如鞭炮的捻子，再一次引爆了全班。我就像孔乙己，给教室内外带来了快活的空气。

那个中午我不知道是怎么过来的。回到家，妈妈正坐在厨房里做饭，我不禁哭起来。妈妈慌了，忙问发生了什么事。我抽泣着把事情的经过告诉了她，她听后，什么也没有说。

不知过了多久，她拿出一盒火柴，抽出一根轻轻一划，顿时一个如豆的火苗燃烧起来。她说："孩子，吹灭它。"我不明白妈妈究竟要干什么，只是对着火苗，"噗"的一声，火熄了，剩下一缕袅袅升起的青烟和一截烧焦的木棒。母亲又用火棍挑起锅底正在燃烧的柴火，对我说："对着里面吹。"我使劲吸了一口气，然后对着锅底狠狠地吹了过去。那火如浇了油似的，熊熊燃烧起来，还有一团火苗发怒般地挤出了灶膛。母亲随手往锅底又加了一把柴火，对我说："继续吹，吹灭它。"我茫然地摇了摇头，说："火太大了，吹不灭。"

过了好久，母亲语重心长地说："火柴一口气就轻易吹灭了，而锅底下的火越吹越旺，你愿意做火柴，还是愿做柴火啊？"

"我要做柴火。"我坚定地说。

说完那句话的时候，我就像卸掉了重担一样，顿觉身轻如燕。五年级时，我终于在一家小学读物上发表了第一篇文章，继而，第二篇、第三篇也纷至沓来。我成了班级和学校名副其实的"作家"。面对同学美慕的目光，我终于明白，之前之所以受到讽刺，是因为我不够优秀。

如今，无论做什么，每当我看到别人异样的目光，听到别人讽刺打击，遇到困难和挫折想停下脚步的时候，我都会想起母亲锅底下的那堆柴火，它如一朵无比美丽的花朵迎风怒放，催我上路。

没有谁可以苛责自己的命运，一个人出生的时候，后面所走的路是自己决定的。走怎样的路，拥有什么的人生，要不要达成自己的梦想都得靠自己一步步去经营。

世界上爱好写作的人这么多，为什么其中的大部分只能是文学爱好者，而不是作家？是文笔不好吗？究其根本，最大的原因是他们看不到未来，中途自己放弃了。他不知道自己能不能坚持下去，不知道自己写的东西会不会被别人喜欢接受，刚想展露一下，就被别人的讥讽打击了回去。立马觉得自己不行，自己不适合。

如此轻易地被别人影响，其实说白了就是对自己极度的不信任。也从侧面反映了自己的懦弱。你的梦想怎么可以因为别人的质疑就放弃了呢？

我们再来看故事中的小男孩，被退稿后的嘲讽讥笑差点把他击垮，幸好他有一位睿智的母亲，在外界的流言蜚语和自己的梦想之间，他果断地选择了坚持梦想。

他成功了。

有的时候就是这样，我们不需要过多地重视别人的看法，别人是别人，自己是自己。我们的梦想是我们自己的，和别人无关，何必要在意他们的眼光呢？

任何时候，都不要让别人的看法，挡住了你前进的脚步，你要坚信，你是最棒的。

3. 你凭什么能过上你想要的生活

没有谁的成功是从天而降的，想拥抱梦想，不要老是急于羡慕别人，有这个时间还不如努力地改变自己的不足，过上自己想要的生活并不是简单的事情，得看你的付出达到了什么样的程度。

每个人都在心里给自己勾画过一幅蓝图，自己要住什么样的房子，睡什么样的床，取得什么样的成绩，过什么样的生活。

想象是无止境的，但是把想象中的事物真切地放到自己的身边来则不是简单的事。那毕竟不是去书店买本书那么容易，排个队掏点儿小钱就能解决，必须经过漫长地努力、积极地争取。

在我们眼里，别人的成功都是轻而易举的，就好像天下所有的富翁都是因为中双色球大奖得来的。两块钱出去，进来就能几百万，又简单又快捷。如果真这么想，那就大错特错了。就算是买双色球买中的，世人也只关注他买中的这一次，而忽视了前面没买中的很多次。更何况天下有几个富翁是双色球起家的？意外之财和发家致富完全是不同的概念，有成功必定也经受过失败、流淌过汗水，他们和你一样，都是一步步慢慢地走过来的。

在我们追逐梦想的过程中，在我们羡慕别人成功的时候，我们有没有问过自己一个问题：你凭什么能过上你想要的生活？你的优势是什么？你的特长是什么？你经历过什么？你如何弥补自己的不足？你对人生的感悟是什么？

没有谁的成功是从天而降的，想拥抱梦想，不要老是急于羡慕别人，有这个时间还不如努力地改变自己的不足，过上自己想要的生活并不是简单的事情，得看你的付出达到了什么样的程度。

1997 年，《泰坦尼克号》荣登史上票房第一位的宝座，这让导演卡梅隆名震寰宇。沉寂数年后，卡梅隆携着《阿凡达》剧本卷土归来。道具、拍摄场地等万事俱备，唯一欠缺的是男主角还没找到合适的人选。

在卡梅隆看来，男一号的确立关乎着影片的成败与否。他打算在世界范围内，进行一次大面积筛选。于是，2005 年 1 月，科幻巨制《阿凡达》男主角公开招募会拉开了帷幕。纽约时代广场上，明星荟萃，大腕云集。作为主考官，卡梅隆问所有人："你是如何应对人生困境的？"成千上万份答案中，有一个人这么回答："受潮的火柴擦不亮火花。"应答者名叫沃辛顿，来自澳大利亚，拍过数部影片，反响尚可。

沃辛顿话音刚落，卡梅隆当即拍板，"就你了！"忽然，在场的所有人都蒙了，因为眼前的情景让他们摸不着了头脑了。接下来，卡梅隆和沃辛顿当场签订了合约。其余影星都带着疑惑和愤懑，悻悻离去了。对于卡梅隆挑中如此一个名不见经传的黄毛小子，人们纷纷口诛笔伐，争议不断。他的同行们也感到相当不可思议，投资方甚至公开提出异议。但在业界，卡梅隆的偏执早已是"臭名昭著"。没多久，影片就投入了紧张的拍摄之中。

2009 年底，《阿凡达》上映了。之后，票房一路飙升，三周之内即成为影史第二卖座片！这下，人们终于见识到了沃辛顿的非凡演技。一时间，卡梅隆慧眼识珠的本领也传为一段美谈。这时，有记者问他："是什么让你胆敢起用当时还是新人的沃辛顿？道仅凭他那一句回答？还有，沃辛顿的答案相当简约，你能为我们解释一下吗？""没错！一个有着如此悟性和积极心态的人，才配出演我卡梅隆作品的男一号。至于是什么意思，我想，沃辛顿本人应该比我更清楚。"

见询问无果，记者们又一窝蜂似的跑到沃辛顿那儿去了。沃辛顿听后，会心一笑，解释道："高中毕业后，我背井离乡，尝尽了人世间的艰辛。四处辗转后，我成为工地上的泥瓦匠。那年冬天的一天，我蜷在地下室里瑟瑟发抖。房间阴冷潮湿，我打算点一沓报纸来取暖。但整整一盒火柴都被划断了，也没能点着。忽然，饥寒交迫的我感觉到天意弄人，但也就是那一刻，我仿佛听到一个声音在对自己说：'沃辛顿，你的心被失意、颓废这些灰暗的情绪濡湿了，赶紧将它烘干！否则，你将永无出头之日。'后来，我一边打工，一边自学起了从小就向往的表演艺术。追寻理想的道路上，荆棘缠绕，风雨如晦，但不管遇到什么，我的内心始终都保持着坚定、乐观和勇敢。因为我知道，火柴一旦受潮后，无论如何都是擦不亮火花的。"

你凭什么能过上你想要的生活？但你读完这个故事，还会觉得沃辛顿被卡梅隆相中只是好运气带来的必然产物吗？那是一个多么错误的观念，他经受过饥寒交迫，艰难的生活历练了他的心智，却并没有把他击垮。就像他所说的那样："你的心被失意、颓废这些灰暗的情绪濡湿了，赶紧将它烘干！否则，你将永无出头之日。"

一个不会被磨难击垮的人，一个在逆境中仍然能保持积极心态的人，才是真正的强者，才最有资格品尝成功的喜悦。

一个人控制不好自己的情绪，不懂得感恩磨难，面对困难的时候，只知道抱怨，看到别人成功，只懂得羡慕的人，凭什么经营好自己的一生？

我们必须有这样的认知，在梦想实现之前，我们的道路是坑洼不平、荆棘密布的，我们要有足够的心理准备和这些抗争到底。这不是消极备战，这是积极开战。我们今日的艰苦只不过是为了给明天积累更大的幸福罢了。过上你想要的生活，必须有所担当有所作为，不能自暴自弃，要保持足够的自信，不断地充实自己、完善自己，才能一路所向披靡。

一位父亲带着儿子去参观梵·高故居，在看过那张小木床及梵·高裂了口的皮鞋之后，儿子问父亲："梵·高不是富翁吗？他的画那么值钱！""不是，梵·高是位连妻子都没有娶上的穷人，他的一生都要靠别人来接济，最后也是自杀而死。"父亲摸了摸儿子的头说道。

第二年，这位父亲带着儿子去了丹麦，在安徒生的故居，儿子又困惑地问："爸爸，安徒生不是生活在皇宫里吗？"父亲答道："不是，安徒生是一个穷鞋匠的儿子，他就生活在这栋房子里，你看这就是当年安徒生睡过的床。"

这位父亲是一位水手，他每年都来往于各大洋之间，而他唯一的儿子就一直跟着他。他的儿子就是美国历史上第一位获得普利策奖的黑人记者伊东布拉格。

20 年后，伊东布拉格在回忆童年时，他说："在那个时候我们家很穷，而且我们是黑人，有很长一段时间，我一直以为像我们这样地位卑微的黑人是不可能有什么出息的，好在父亲带我去认识了梵·高、安徒生，这两个人告诉我，上帝没有轻看卑微，当你努力时，上帝看得见。从那时候起我相信只要努力，一切都会有可能的。"

上帝不会轻看卑微，我们现在还记得那个鞋匠的儿子，一生都要靠别人接济的穷画家，可是我们谁能记得那时候的那些王公大臣，显赫一时的人物？上帝不会因为你出身高贵而给你特殊的机遇，也不会因为你出身卑微而剥夺你的机会，当你努力的时候，上帝看得见。

伊东·布拉格是个家境贫寒的黑人，他的梦想并没有因为他的出生他的贫寒而搁浅，相反，他成功地拥抱了梦想，并且以他的故事激励了许许多多的黑人。

所以我们不需要太关注自己的出身。觉得有些出生富裕家庭的孩子和我们不一样的，其实，有什么不一样的？不一样的只是你自己的心态罢了。如果你把自己看轻了，那么你就是卑微的，觉得自己不能和他们相提并论，在你若干次的如此暗示之下，你就会真的变得卑微，就会拉大你们之间的距离。这个时候，距离当真就成了定局。相反，如果你不把自己看轻，那么你就会发现，他们除了身上的衣服比你贵一点之外，和你没有什么本质上的差别。他们能做到的你也能做到，他们能奋斗的你也能奋斗。

身上的衣服能决定你的人生吗？当然不能，那么你又为什么要看轻自己呢？你的未来和他们的未来是一样的，付出多少努力就能换来多少幸福。

4. 你是谁不重要，重要的是你能干什么

你是谁并不重要，重要的是你能干什么。你需要关注的不是别人达成了什么样的梦想，而是你能干什么，在你能干的前提下确定你的梦想。

一个生物学家做了三十年的实验，突然觉得厌烦了，决定改行做歌手。虽然我们有疑虑，但还是能接受的，毕竟他有一副好嗓子，随便吼一嗓子就是天籁之音。经过系统的训练、包装，成功与否不讲，没准儿他真的偶尔能上台唱个一曲两曲。有个歌手唱了三十年的歌，突然觉得厌倦了，决定改行做个生物学家……这个时候，好吧，别说他三十年前不是生物系毕业的，就算他三十年前是生物系毕业的，脱离了三十年的生物界还是他了解的生物界吗？

人应该有梦想，但是编织梦想的时候，一定要正视自己的特长。你都不知道自己能干什么，就轻易挑了一条自己不熟悉的路，这不是明显为了挑战自己的极限，给自己找难受吗？

盲目是很可怕的事，对别人来说很简单的事情到了我们这里并不一定简单。在别人看起来很难的事情，我们操作起来或许就会很简单。

了解自身优势，结合自己的长处，我们是谁不重要，重要的是

你能干什么。

安徒生 14 岁只身来到哥本哈根，当时，他兜里只有 10 块钱。当钱快用完时，一位演唱家因为他有漂亮的声音，竟然收他做了徒弟。此后数年他学唱、学芭蕾舞、补习语言。他用诗的体裁写了一个悲剧，但剧本被皇家戏剧院拒绝了。17 岁是他最穷困潦倒的时期，歌剧院院长给了他一个真正受教育的机会，但他在学校里他受尽同学的嘲弄，挨尽老师的责骂，这样的学习生活持续了 5 年。23 岁那年开始写作生涯，但他的作品不是被退稿，就是出版后得到很坏的书评。34 岁终于成了小有名气的小说家、戏剧家，他出了第一册童话，里面有 4 篇故事，很受欢迎。他的一位教授朋友说："你的小说使你目前成名，但这些故事会使你名留千古"。

想象不到吧，以《安徒生童话》享誉全球的安徒生，并不是一开始就对小说感兴趣。小的时候，他学的是唱歌和芭蕾，与作家之间有多大的距离，估计安徒生本人深有体会吧。可见即便是很有水平的人，也并不是一开始就知道自己的优势是什么，能干什么。

没有谁生来就知道自己以后一定会在某个方面有所成就，安徒生的机会也是经过漫长的碌碌无为之后才逐渐确立起来的。但是，既然已经有了这样的先例，我们就应该尽量避免这种情况发生，重蹈别人的覆辙，绝对不是令人愉快的事。

人的一生很短暂，经不起一而再、再而三地在不适合自己的事情上消耗，所以，我们要竭尽全力让自己少走弯路，而达成这步的先决条件就是你应该知道自己能干什么。

craigslist. org 是美国一个非常出名的分类信息网站，上面最流行的玩法之一就是发布旧物交换广告，任何人都不用支出一分钱，就可以拿自己不要的旧物，从他人手中交换到自己想要的东西。对于大多数年轻人来说，用自己的旧手机同网友换一张歌手专辑，或是热播电影的光碟，应该算是一次不错的交易。但17岁的加利福尼亚州少年斯蒂文·奥蒂兹，却用两年时间14次的频繁交换，最终打造了一个奇迹：用同学赠送的一部旧手机，换取了一辆价值9000美元（约合人民币6.1万元）的保时捷跑车！

斯蒂文是美国加利福尼亚州帕萨迪纳市的一名中学生，作为一名网络时代的青少年，他很早就会通过网络"做生意"赚零花钱。他曾经用大约20英镑，从朋友手中买下一部旧手机，"修饰一新"后，再放到互联网上卖出高3倍的价格。

每当自家需要添置洗衣机或转筒式干燥机等家用电器时，斯蒂文总是能从网上淘到花很少钱的二手电器，然后再花一点小钱，将这些二手电器修整一新供家人使用。他的父亲伊斯特班说："斯蒂文通过这些交易，不仅学到了许多事情，了解到了事物的价值，还学会了责任感和谈判技巧。"

但令伊斯特班想不到是，儿子的"谈判技巧"竟会如此高超！在过去两年的时间中，斯蒂文通过网络一步步"以小换大"地不断和网友们交换物品，最后竟用一部没花钱的旧手机，辗转换到了一辆价值不菲的保时捷跑车！

2008年，斯蒂文的一个朋友将一部不再使用的旧手机免费赠送给了他，他就在craigslist.org分类网站上打出一则"换物广告"，希望拿这部手机和网友们交换其他东西，很快得到了响应。于是，斯蒂文先用这部旧手机换了一部更新款式的手机，接着又用换来的手机换了一部ipod，之后又换了一辆旧单车、苹果mac book pro笔记本电脑。当换取到一辆 1987 年的丰田越野车后，因为他当时只有 15 岁，还不到拿驾照的年纪，就只好把越野车先换了一辆不能上路的高尔夫球车，又用球车换来一辆轻型摩托车。当他考取驾照后，才把轻型摩托车换成了一辆 1975 年的福特野马汽车。不久前，他又用这辆福特车和网友成功换取了一辆 2000 年版的保时捷跑车！

当斯蒂文开着这辆新交换成功的保时捷跑车上学时，同学们不由得目瞪口呆：这个只有 17 岁，且家境并不富裕的高中生斯蒂文，竟开着一辆银色的保时捷跑车来上学。

如今，斯蒂文每天都会开着这辆银色的保时捷跑车去上学，当他将汽车停在就读的宪章橡树中学停车场时，总会引来同学们美慕的目光，这让斯蒂文感到非常骄傲。他说："我真感到自己有点'奢侈'，毕竟，并没有多少 17 岁的青少年能开着一辆保时捷去上学。即使再过 100 万年，我都不敢相信我真的用一部旧手机换到了一辆保时捷跑车。"

虽然耗时两年才把手机换成保时捷，但这并不是斯蒂文的终极目标，他说："我以后要做一件更重要的事，就是再换到更名贵的车，高价卖掉后，买一座新房子送给父母。"

当有人问起他成功的秘诀时，斯蒂文说："什么事情都没那么容易，如果硬让我说秘诀，我的体会是，一要有时间，二要有耐心，更重要的要有好心态，然后分段去实现自己的大目标。更确切地说，有些人做事之所以半途而废，往往不是因为难度较大，而是觉得成功离目标太远，不是因为失败而放弃，而是因为倦怠而失败。一句话，做任何事，只要耐心坚持，就能取得最后成功！"

斯蒂文知道自己的特长是什么，他有眼光，口才又好。所有他很好地运用了这样的优势，在旧物交换中取得了巨大的利润。

开着保时捷上学的 17 岁男孩，收获的艳羡的目光是可想而知的。估计也有很多人想效仿，但是这样的活儿真的适合任何一个人吗？在没有确定自己能干什么的时候，冲动地投入是不能给自己带来益处的。我们需要理性地看待别人的成功，而不是急于效仿。

你是谁并不重要，重要的是你能干什么。你需要关注的不是别人达成了什么样的梦想，而是你能干什么，在你能干的前提下确定你的梦想。

每个人都是有自己的长处和短处，如果别人获取成功的支撑点正好是你的短处，你跟风过去，能有所收获吗？退一万步，你很努力，你持之以恒，你取得了一定的成效。这花去的精力至少恐怕也得是别人的几倍、几十倍吧。

所以，了解自己，知道自己能干什么，才是取胜的法宝。

5. 总有一天，你会变得很棒

当我们执着于一个梦想，愿意竭尽全力地去做的时候，任何阻碍都没什么可怕的。当你一步步向前迈进的时候，你会发现原来视为劲敌的阻碍其实都算不了什么，它们就这样毫无声息地被你打败了。不是它们变弱了，而是在不知不觉中，我们变强了。时间就这样悄悄地拉近了我们和梦想的距离。

在明天来临之前，我们不会知道明天会发生什么事。

某些所谓谨慎的人会觉得，今天再努力也不知道明天会不会成功，这么辛苦的投入实际上只是一项写着希望的风险投资，具体的收效不知道，却要花费这么多的时间和精力。万一失败了，浪费掉的时间和精力不说，光讥笑和嘲讽就够受了，怎么算怎么都是不划算，所以且行且珍惜，踏踏实实地过日子好了，得过且过也是一种良好心态。梦想那东西，让有梦想的人去实现吧。自己该被奴役就被奴役，该睡觉就睡觉。

也有人会觉得，我只是在做一件自己喜欢做的事，我重视的是努力的这个过程。至于结果，能成功固然最好，不能成功，至少我也努力过了。虽然没得到想到的结果，但至少也让自己变得更优秀了，有进步就可以了。这么一想，反正怎么琢磨自己都赚了。

这就是心态的问题。

如果一件事你还没有去做，就已经开始设想失败后的种种困境用阴暗的想象给自己描绘一片灰色的天空，那么积极性从何而来呢？

我们没有未卜先知的超能力，但是有一点是值得肯定的，只有去做了，才有可能达到你想要的结果。如果连做的过程都省略了，那么不要讲结果，连希望都扼杀了，这估计也是你不想看到的结果吧！

一个人想变得很棒，不是简单地上几节课、看两本书就能达成的，需要我们不断地提炼，不断地进步。只要我们的目光不局限在无关梦想的小成绩上，或者不要太过重视我们自己总结的种种风险中，努力地向着我们的目标奋进，认真摄取，不断进步，总有一天，你会变得很棒的。

我们一起来读一读一位外国老师所讲的故事，或许会有所启迪。

我想起了西塔，我在纽约任教时教过的一个学生。他当时骨瘦如柴。我问他，他的目标是什么。他对我说，他想通过获得篮球奖学金进入大学。这个孩子看上去提不起一袋5公斤重的土豆，他的腿上似乎只有骨头和膝盖，根本就看不到肌肉。

我说道："孩子，我很高兴你有目标，我相信你。如果这是你真正想要的，那就永远不要放弃。"

西塔让我相信，他是一个很棒的篮球运动员。每天放学后，我都会花些时间和他一起打篮球。他打得并不好，但我让他不断尝试并全力以赴。他的脸上写满了自信。我告诉他，只有当你乐于为你的目标奋斗时，这些目标才会实现。他说："是的，先生。"然后就继续往篮筐里投球。

我一直与西塔保持联络。多年后，他打来电话，说他参加了他们高中篮球队的竞选。他异常兴奋地问我是否愿意去看他的比赛。我答应他，无论如何我都会到场，我为他感到骄傲。我让他一拿到比赛日程就打电话给我。到了第二个星期，他仍没有给我打电话，我就打了个电话给他。西塔在电话里的声音低得可怜，我几乎听不清他在说什么。不过我还是听到了一句："我没有被选上，克拉克先生。"

　　这句话重重地击在我的心上。我告诉他不要担心，即使迈克尔·乔丹也没能在高中第一年就成功加入篮球队。我提醒他不要放弃，要继续努力。我告诉他，他在篮球中发现了乐趣，既然篮球给他带来了那么多快乐，那么打篮球就是一种愉快的享受。他答应并保证会为之努力。

　　两年后，西塔打来电话，说他加入了一个篮球俱乐部，可以每周在那里打比赛。他说那里虽然不是校队，但他至少可以参与其中，邀请我去看他打比赛。我告诉他，我早就迫不及待了。到那儿以后，我发现比赛是在一个休闲中心的小场馆里进行的。那里没有看台，而我是唯一的观众。尽管如此，当我走进赛场时，西塔仍然喜出望外，好像对我的到来感到难以置信。他说："您真的来了，克拉克先生。"看到他的时候，我同样惊讶：他的个头已经比一般人高出一大截来，而且也长胖了不少。我坐在球场边上，满怀期待地观看着比赛。

　　西塔兴奋极了，以致在5分钟内犯了5次规，并在15分钟内就被罚下了场。他走到我身边："很抱歉，我太心急了。"

　　我说："西塔，你要继续坚持。孩子，我很享受这5分钟，而且我会记住你在场上是多么努力。这5分钟教会我很多，我们对自己做的每件事都应该尽心尽力。"

我和西塔一直保持着联系，并且每年都去看他好几次。我们甚至不再讨论篮球——直到某天深夜我接到他的电话。西塔告诉我，他高中毕业后进入了一所社区学院读书，他仍然在社区篮球联赛中打球，尽他的最大努力去做到更好。他当时已经22岁，仍然坚持着赢取篮球奖学金的梦想。他说："克拉克先生，您还记得吗？您对我说过，您相信我，让我永远不要放弃！"

我说："当然记得，小伙子。"他说："其他人都说我疯了，但您信任我，这对我来说就足够了。克拉克先生，我没有放弃，而且我想让您知道，我刚刚签了文件，接受了在今年秋天去大学打篮球的全额奖学金。"

想象一下，如果每个孩子都坚持自己的梦想，我们的社会会增添多少个医生、考古学家、律师、慈善家……

想象一下，如果他们从不放弃，如果我们相信他们，并让他们知道我们对他们很有信心；如果我们能看到他们身上蕴藏的巨大潜力，将会发生什么？他们将在自己身上发现这样的潜力——这就是我们彼此都抱定信心的结局。

阿莉兹·比尔是我在哈莱姆区教过的第一个班——那个"低水平"的五年级班里的学生。在我们的班级去南非旅行之后，她告诉我，她想去帮助别人，而且不仅仅是在自己的国家，还要走出国门，走向世界。她说她想研究国际政治。这看起来是一个非常大胆和难以成功的尝试，但我对她说，她会很了不起，而且我们需要像她这样的人来负责做出重要决策。

她在上高中时曾打电话给我，说那次南非之行的印象始终在她心里挥之不去，而且她很想带她现在的同班同学一起再去一次，但是没有老师愿意发起和组织这次旅行。

　　我对她说："你自己来，找到带领团队的办法！你行的！"

　　一个月以后，我收到了一封从她所在的学校发来的邮件。邮件里附有一张传单，上面说，他们学校的一群学生正打算去非洲发放蚊帐，那群学生正在进行一场募捐活动，想要寻求支援。传单的右上角写着："旅行倡议者：阿莉兹·比尔。"

　　我说道："哇，你真的做到了，阿莉兹！一定要成功！"

　　几个月之后，她带着她的团队去了非洲，这次神秘的援助之旅永远地改变了他们的人生。

　　在我带学校的学生去华盛顿之前，阿莉兹带着我们参观了她就读的大学——哈佛大学。她在那里攻读国际关系学位，还获得了全额奖学金，她决心要成为影响世界的人。

　　最近我浏览她 Facebook 的主页时，看到有一张照片，她和副总统站在一起，笑靥如花。我立即打了个电话给她，得知她正在白宫做实习生。这个女孩正在获得成功。

　　一个人会走一条怎样的路，和性格肯定是有关系的。就像故事中的阿莉兹·比尔，她大胆的个性是与生俱来的，所以她有勇气给自己制定如此伟大的目标——"成为影响世界的人。"我们先不说这条伟大的目标有多霸气，就说她高中时期组织南非之旅，也并不是一件简单的事。如果让一个天性胆小懦弱的人去做旅行倡议者，这完全就是极限挑战。

　　一个人的性格决定他以后所走的路。但是，这并不能说明全部。

再说西塔，一个瘦弱的小伙，连竞选高中篮球队的资格都没有，可是就是这样一个人，最终却还是如他所希望的那样获得了全额篮球奖学金进了大学。

性格很难改变，但不是不能改变。其实有的时候我们最需要改变的并不是我们的性格，而是我们的信念和我们的习惯。

我们想做什么事，我们需要做什么事，要完美地完成我们想做的事，我们必须养成什么样的习惯，我们必须如何去做……这些都不是可以随心所欲想如何做就可以如何做的，需要系统地学习、妥善地安排。然后按照我们预定的计划，一步步向着梦想奔去。

当我们执着于一个梦想，愿意竭尽全力地去做的时候，任何阻碍都没什么可怕的。当你一步步向前迈进的时候，你会发现原来视为劲敌的阻碍其实都算不了什么，它们就这样毫无声息地被你打败了。不是它们变弱了，而是在不知不觉中，我们变强了。时间就这样悄悄地拉近了我们和梦想的距离。

所以，放开胆子去做你们想做的事情，只要你坚持你的追寻，总有一天，你会发现你已经变得非常棒！

6. 这个世界没有一夜成名的奇迹

在实现梦想的道路上，是不会一步登天的，不要被偶像肥皂剧砸了脑门，想着天生掉下大馅饼，想着一夜成名光顾你。灰姑娘遇到她的王子前，还做了很多年的家庭勤杂工呢。所以不要相信奇迹，这个世界没有一夜成名的奇迹，所谓的奇迹是不断努力，追求更好，等待最终的临门一脚。

我们的人生不是用来见证别人成功的。我们没有这么卑微，不是一定要站在别人面前听别人讲，谁谁怎么样，谁谁多厉害，只要我们够努力，我们也可以成为别人嘴里的谁谁。

这就要取决于我们的态度，有没有梦想，要不要实现我们的梦想，拿什么实现我们梦想！有人每天睡觉前会作一番反思，明天睡醒了我一定要做什么事，不能再虚度光阴了。可是睡醒了，还是如昨天一样刷牙洗脸打豆豆，到了晚上再反思……这样周而复始的日子，对我们的人生有什么帮助呢？既然发现了问题，就要改正它，不能任由它随心所欲地发展。我们是活在今天的人，应该有不一样的明天，必须摆脱千篇一律的昨天。否则活一辈子和活一天又有什么不同？

梦想不是让我们不断去想，而是努力去做。芸芸众生中，我们只是很微不足道的一员，只有慢慢积累自己的见识与能量，让自己变得很强悍，才有机会展翅高飞。任何时候都不要被别人的成功闪了我们的眼，这个世界没有谁可以在没有准备的前提下一鸣惊人，你只是没有看到别人的努力罢了。

在实现梦想的道路上，是不会一步登天的，不要被偶像肥皂剧砸了脑门，想着天生掉下大馅饼，想着一夜成名光顾你。灰姑娘遇到她的王子前，还做了很多年的家庭勤杂工呢。所以不要相信奇迹，这个世界没有一夜成名的奇迹，所谓的奇迹是不断努力，追求更好，等待最终的临门一脚。

他从小就喜欢足球，但10岁那年的一件事，却给了他很大的打击。当时他在纽维尔老男孩队参加训练。一天下午，他所在的球队和另外一个同年龄段的球队进行足球比赛。好几次，队友都把球传到了他的脚下，但由于过度紧张，他面对球门时竟闭上了眼睛，这样造成的结果是球总是擦门而过。由于他的多次错失良机，他的球队最后惨败。终场结束，他痛苦地闭上眼睛。在更衣室里，好多伙伴把手指放在嘴边，对他发出嘲笑的嘘声。他换下来的鞋子也被一个同伴拿走，往里面吐口水，然后得意地给其他小伙伴展示，并现场给他起了一个外号"臭鞋大王"。他难受极了，心想也许自己根本就不是踢球的料，干脆放弃算了。

他低着头，心烦意乱，一个人孤单地走在回家的路上，忍不住哇哇大哭。这时他看到一只青蛙正好奇地看着眼泪汪汪的自己，他有些生气，恶作剧般地朝青蛙撒了一泡尿。但他发现，在这个过程中，那只受辱的青蛙一直保持着一个姿势，仍鼓着一双圆眼看着自己，没有躲闪，没有逃离。

他有些疑惑，也有些失落，怏怏不乐地回到家里，把今天发生的一切都原原本本地告诉了父亲。父亲告诉他，一个人要想成功，就要像那只姿态昂扬的青蛙那样，正视不公，接受失败。那天晚上，他的心灵被震撼了，他内心的梦想开始复苏，他觉得那只受辱而不屈的青蛙就是自己最好的老师。他暗暗发誓："我也要在逆境中努力，进最好的球队，成为像马拉多纳那样的伟大球员，登上足球的顶峰，成为世界足球先生！"从那天起，他每天踢球8个小时以上，有条不紊地坚持学习和训练。教练的批评、队友的指责，他都能坦然面对，自信地昂起自己的头，一步步地走自己的路，他的眼里只有一个目标：球门。

一年后，他遇到了人生的又一个坎。11岁的他被诊断出发育荷尔蒙缺乏，而这会阻碍他的骨骼生长。家里的经济条件难以承担他的治疗费用，但他乐观努力、积极向上，球技不断完善，因此他受到了巴塞罗那球探的青睐。2000年9月，年仅13岁身高只有140厘米的他受到邀请，去巴塞罗那试训。试训场上的他，像那只执着的青蛙一样紧紧盯着目标，连中三元。试训刚一结束，俱乐部负责人就毫不犹豫地为他在俱乐部注册，并安排他去最好的医院接受治疗。在当年他参加的38场青少年比赛中，他一共踢入31个进球。

世青赛一向被认为是青年才俊展示自己的舞台。当第15届世青赛的大幕在荷兰乌德勒支缓缓落下时，他，一位身高只有1.69米的阿根廷少年将一个巨人的背影留给了全世界。由于阿根廷队在小组赛中的糟糕表现，人们都以为这支队伍难以走得更远，然而正是他的出色表现挽救了全队。作为阿根廷队的灵魂人物，他从淘汰赛开始一直处于世青赛的舞台中心，最终率领阿根廷U21青年队获得世

把梦想交给自己来实现

青赛冠军，他自己也获得世青赛的最佳球员称号。2005 年年底，在意大利体育报纸《全体育》组织的"金童奖"的评选中，他更是以压倒性的优势击败鲁尼，当选 2005 年度的欧洲最佳新秀。

他的名字叫里奥·梅西，现为巴塞罗那的前锋球员以及阿根廷的国脚，他被球迷亲切地称为"新版马拉多纳"，他用近乎完美的球技实现了自己的誓言。2009 年 12 月 1 日，梅西凭借 2008—2009 赛季带领巴塞罗那取得西甲、国王杯、欧洲冠军联赛三冠王的成绩，击败 C 罗获得 2009 年欧洲金球奖。20 天后，在苏黎世举行的第 19 届国际足联颁奖典礼上，里奥·梅西笑到了最后，获得"2009 年世界足球先生"称号，捧着金灿灿的奖杯，他微笑着说："不要闭上眼睛踢球，要紧紧盯住自己的目标。只要努力，梦想就离你不远了。"

让我们记住梅西的人生导师，那只遭受尿击仍然仰头鼓眼的青蛙。集中注意力，拼上所有的力量，朝着目标不懈努力，矢志不渝，不在意别人的打击和嘲笑，只要自己有目标，有无比积极的人生态度，不放弃，肯用心，终究会走出困境。这个世界会接纳你，梦想也会一步步成为现实。

梅西，这个在足球场上意气风发的灵魂人物，全世界所有热爱足球的人都熟悉这个名字，这个如此热爱足球的梅西，被世人知道前，最先经历的是被队友讽刺，因为他好几次把队友传给他的足球射偏了！

瞧，梅西也不是一开始就可以踢出漂亮的门前一脚的，他坦然面对教练的批评、队友的指责，更加刻苦地开始他的足球训练。

这还仅仅是开头，长身体的时候诊断出发育荷尔蒙缺乏，会阻碍他的骨骼生长，但他的家庭没有这个能力为他负担这项昂贵的治疗费用。在别人看来梅西的足球之梦就应该止于此，可是他没有自暴自弃，还是积极地参加训练，在足球试训场，矮小的他从一群高个儿孩子中间脱颖而出，以自己的表现征服了俱乐部的负责人，不但为他在俱乐部注册，还让他接受了最好的治疗。

梅西的球星之路就这样水到渠成地走下来了。诚然，俱乐部的负责人是他的伯乐，但是如果在遇到伯乐前没有把自己训练到"千里马"的水平，伯乐又凭什么相中他？

所以，不要把希望寄托于别人，不要想着一夜成名这样的传奇。有这个想象的工夫，我们还不如把想象的时间放到如何提升自己水平的实践中去。这个世界没有任何的一夜成名的奇迹，你唯一能做的就是脚踏实地，努力地让自己优秀起来。

只要你愿意认真地去做，时间终究会见证你的奇迹。

7. 你要用自己的特长去打破常规

我们要做的是用自己的特长打破常规，而不是用常规打破我们的特长。理性地对待自己的人生，最重要的一点就是能发现自己的特长，更好地培养自己的特长，并且利用我们的特长在某个领域里，让自己发光发热，处于不败的境地。

唐七的书里有过一句话，记忆犹新，大抵意思是这样的：人生在世，能有个东西寄托情怀总是好的。如果能样样精通，自然最好，算是培养成了大家；如果只通其中一样，那也不错，至少是个专家；如果一窍不通，各方面都知道一点，起码是个杂家。

初读的时候，草草对三者进行了对比分类，大家最难，专家次之，杂家最简单。可是后来转念一想，杂家咋就简单了？这未尝不是特长，看似对各个领域涉入不深，但都能懂一些事常人都可具备的优势吗？是轻而易举、触手可及的事情吗？所以特长是无所不在的，只要你把握得好，即便看似没有太闪亮的闪光点，也总能找到自己的特长。这就是我们所谓的优势。

我们不要轻易给优势下多大的定论，人无完人。饭得一口口吃，优势也得一步步提炼，优势并不是一成不变的，只有把特长不断放大，等到我们可以很好地把我们的优势展现在世人面前的时候，离实现我们的梦想就万分接近了。

"和你同龄的军子，每个月都往家里寄钱呢，"父亲坐在炕头抽旱烟，一直皱着眉头，半天才说，"你还是不要复读了。"听到父亲的话，他没言语，点点头，泪水不争气地掉落。

进城里打工，什么手艺也不会。看到一个小吃店要洗碗工，他就去了。每天干到半夜，洗不完的油腻腻的碗盘。回到那间只有7平方米的地下室，他累得趴在床上起不来。

干了一个月，他领到第一份工钱，就跳槽了。他想，碗洗得再好，又能如何？他想做厨师。结果跑了好几个小餐馆，都没人要他。到第6家时，人家问他会烧什么菜，他老实地回答，会烧家常菜。老板答应留下他，试一天。中午，有位客人拎着一条甲鱼让店里加工。"你把这只甲鱼烧一下。"听到老板这句话，他当时吓出一身冷汗，从哪里下刀都不知道。一个客人在旁，说："你把脚踩上去……"半天，他才把甲鱼杀了。怎么烧呢？他想起邻居炖海鲜，喜欢放两片香菇、火腿肉，他只好照这个办法试。烧好，客人一尝，说："炖得不错。"他高兴极了。

晚上还是碰到了难题。客人点的许多菜，他连菜名都没听说过。他站在炉灶旁束手无策，老板也看在眼里。于是他就偷看人家怎么烧，红烧胖头鱼、水鸭绿豆面、宁式鳝丝。看完三个菜，老板说："请你另谋高就。"他只好打包出门。

他凭着刚学会的这三道"拿手菜"，让第7家酒店老板点了头。那两天，他最早上班，打扫厨房，准备菜料，自己买了一包烟，给大厨递烟。大厨教给他很多烹饪基础知识，他也学到了烹饪海鲜的几个常用手法。可几天后，因为烤焦了一只鸭子，老板炒了他。

他汲取了教训。一道外黄里嫩、喷香扑鼻的烤鸭，让第 8 家酒店老板喜笑颜开。在那里，他为了学到蒜蓉汁、葱油汁、剁椒汁是怎么熬制的，晚上请大厨去吃宵夜，点了几个要用汁的菜。大厨一边品尝，一边点评，调味如何、火候怎样、用料合不合理。他一一在心里记下。

第 15 家店，是他炒老板的鱿鱼——他觉得在那家店里做，没有什么技术好学。在每一家店，他都学到了自己缺少的东西。上一家失败的经历，成为他赴下一家的经验。他的"招牌菜"也越来越多。

两年后，他成为一家酒店的大厨；三年后，他是另一家酒店的首席厨师；四年后，他承包了一家当地规模最大的酒店，请了 4 个厨师，总共 18 个人。

随着这家酒店厨房的正常运转，他自己则到全国各地拜访师傅，四处学艺。到杭州，向杭帮菜大师取经；到四川，学习川菜；下广东，学煲汤的奥妙……

在他的厨房承包生意蒸蒸日上，每月营业额达 100 万元时，他又做出一个让人不解的决定：在一家四星级大酒店厨房打杂，一个月 500 元。端盘子、洗厨灶，最脏最累的活都归他。从原来的"总厨"到一个"打杂的"，他一点没有抱怨。厨房的水、油、灶和各种电器的卫生，他做得井井有条。半个月后，饭店的香港厨师长要炸鱼丸，没想到他已把要用的调料全部配好，香港厨师对他刮目相看。了解到他的情况后，当即把他升为副厨，月薪 1800 元……后来，他放下副厨的职位，申请去做传菜员，对饭店的前厅和后厨管理提出了建议，被管理层采纳。

现在，他是北京一家餐饮集团的老板，他的公司承担着北京、上海、石家庄、乌鲁木齐等地30多家酒店的厨房事务。

故事里的"他"，成功的关键是什么？就是用自己的特长打破常规。他的特长是与生俱来的吗？当然不是。他是通过自己的努力，使自己从一无所有，慢慢地成为有一堆"拿手菜"的厨房高手。

我们必须正确地看待特长，并不是说特长一定是要与生俱来的。有一副好嗓子就可以幻想成为歌手了；有傲人的身高就觉得自己应该去打篮球了……诚然，有先天优势是你的福气，但是如何利用你的福气是另外的一件事情了。我们一定要很清楚地知道一个道理：想和做之间有很长的一段距离，成功并不是想想就能获得的。我们必须要有所突破，才对得起我们这样的优势。

优势没有充分利用起来，就谈不上优势，如何打破常规则取决于个人的努力。

马克·吐温作为职业作家和演说家，取得了极大的成功，可谓名扬四海。你也许不知道，马克·吐温在试图成为一名商人时却栽了跟头，吃尽了苦头。

马克·吐温投资开发打字机，最后赔掉了5万美元，一无所获。马克·吐温看见出版商因为发行他的作品赚了大钱，心里很不服气，也想发这笔财，于是他开办了一家出版公司。然而，经商与写作毕竟风马牛不相及，马克·吐温很快陷入了困境，这次短暂的商业经历以出版公司破产倒闭而告终，作家本人也陷入了债务危机。

经过两次打击，马克·吐温终于认识到自己毫无商业才能，于是断了经商的念头，开始在全国巡回演说。这回，风趣幽默、才思敏捷的马克·吐温一扫商场中的狼狈状态，重新找回了感觉。最终，马克·吐温靠工作与演讲还清了所有债务。

马克·吐温这个大文豪也做过富豪梦，但最终一败涂地。开发打字机没有成功还可以理解，出版业似乎离他很近很近了，为什么还会以失败而告终呢？

其实这也很好理解的，因为再接近他特长的项目也不是他的特长项目。他最拿手的是什么？是写作和演讲。表面看写作和出版有很大程度的联系，但本质却不属于同一个类型。一个是文人之路，一个是商人之路。

所以我们一定要给我们的特长很好地定位，不要莫名其妙地让自己掉进不属于我们特长范畴的圈子里。

偏离特长重新开始是一件很困难的事，如果重新开启的项目，偏巧是被你第一特长掩盖着的第二特长还好。如果不是特长，那么还是赶紧擦擦眼泪绕回来吧。

我们要做的是用自己的特长打破常规，而不是用常规打破我们的特长。理性地对待自己的人生，最重要的一点就是能发现自己的特长，更好地培养自己的特长，并且利用我们的特长在某个领域里，让自己发光发热，处于不败的境地。

这需要一个过程。因为有特长傍身，总能清晰地看到自己的梦想。遇到困难的时候不会让我们轻言放弃，这就是特长的好处。我们只要怀有用特长打败常规的想法，成功迟早会属于我们。

8. 十年后，你会过什么样的日子

人生是没有机会重来的，人生也是经不起反复折腾的，人生更是没有卖后悔药的。所以趁着我们现在还年轻，即便梦想再沉重，我们也不要轻易割舍掉，那不仅仅是梦想，而是我们梦寐以求的人生。

很多人喜欢在网上做一些测试题，比如二十年后你会开什么车？你以后会和什么样的男人女人一起生活？你将来的月薪会是多少？你会住什么样的房子？

诚然做这些测试的人，多半纯粹抱着好玩打趣之心，并没有当真把测试结果看成自己未来的生活写照。但是，放下测试，我们有没有当真想过，十年后，你会过什么样的日子？你会过得怎么样？

或许很多人会说，以后过什么样的生活谁会知道呢！不能说这样的回答是错误的，但是我们可以反过来思考一下，如果我们一心一意地按着我们现在制定的目标走下去的话，十年后是不是应该更接近我们的梦想？诚然，我们不知道这十年中会发生什么事，但是只要我们能真切地明白我们的梦想是什么，那么中途遇到的任何挫折都不应该改变我们的方向！

每个人的花期各不相同，但是朝着梦想一路走去，即便十年时间还没到你盛开的季节，但肯定不会如现在这般，还是还露出地面的小芽。

实现梦想最难的不是其中我们遭遇到多大的挫折、多大的困难，而是我们沿着一条路走下去的时候，时间一分一秒过去，却看不到结果。我们的信心就在消耗时间的同时，耗去了一分又一分。不是梦想太难，而是我们估算不了这个时间。

这种感觉就像我们的眼睛被遮住了，恐惧感来了，焦虑来了，挫败感来了，信心也就松懈了……那样的结果是悲凉的。

我们必须尝试着跳出时间这个坑，一心一意追逐梦想，不离不弃。

有一对兄弟，他们的家住在80层楼上。有一天他们外出旅行回家，发现大楼停电了！虽然他们背着大包的行李，但看来没有什么别的选择，于是哥哥对弟弟说："我们就爬楼梯上去！"于是，他们背着两大包行李开始爬楼梯。爬到20楼的时候他们开始累了，哥哥说："包包太重了，不如这样吧，我们把包包放在这里，等来电后坐电梯来拿。"于是，他们把行李放在了20楼，轻松多了，继续向上爬。

他们有说有笑地往上爬，但是好景不长，到了40楼，两人实在累了。想到还只爬了一半，两人开始互相埋怨，指责对方不注意大楼的停电公告，才会落得如此下场。他们边吵边爬，就这样一路爬到了60楼。到了60楼，他们累得连吵架的力气也没有了。弟弟对哥哥说："我们不要吵了，爬完它吧。"于是他们默默地继续爬楼，终于80楼到了！兴奋地来到家门口兄弟俩才发现他们的钥匙留在了20楼的包包里了。

有人说，这个故事其实就是反映了我们的人生：20 岁之前，我们活在家人、老师的期望之下，背负着很多的压力、包袱，自己也不够成熟、能力不足，因此步履难免不稳。20 岁之后，没有了众人的压力，卸下了包袱，开始全力以赴地追求自己的梦想，就这样愉快地过了 20 年。可是到了 40 岁，发现青春已逝，不免产生许多的遗憾和追悔，于是开始遗憾这个、惋惜那个、抱怨这个、忌恨那个，就这样在抱怨中度过了 20 年。到了 60 岁，发现人生已所剩不多，于是告诉自己不要再抱怨了，就珍惜剩下的日子吧！于是默默地走完了自己的余年。到了生命的尽头，才想起自己好像有什么事情没有完成，原来，我们所有的梦想都留在了 20 岁的青春岁月。

梦想是经不起停顿的，放下了，再拿起就不仅仅只是弯下腰的事情了。可能就得像这个故事里的兄弟俩一样再从 80 楼回到 20 楼，只是，为爬 80 楼，差不多所有的力气都耗尽了，还能回到 20 楼吗？

人生是没有机会重来的，人生也是经不起反复折腾的，人生更是没有卖后悔药的。所以趁着我们现在还年轻，即便梦想再沉重，我们也不要轻易割舍掉，那不仅仅是梦想，而是我们梦寐以求的人生。

以后不要再轻言"我看不到十年后自己的模样"，这样的回答会让自己变得迷茫。我们一定要很自信地回答，十年后我至少已经做到了哪一步。当你可以自信地说出这个答案的时候，十年后的你一定不会令你失望的。

命运是掌握在自己手中的。我们不能放弃我们的梦想，我们想听的是掌声，而不是满目忧伤地向命运屈服。梦想给予我们的是美好的憧憬，想拥抱梦想，必须投入其中，坚决不抛弃不放弃！梦想是荣耀，不是负担！

2010年11月24日，年届80岁的F1掌门人，国际汽联副主席伯尼·埃克莱斯下班后，走在办公室附近大街上。傍晚的伦敦大街上，车水马龙，流光溢彩。伦敦，这座世界的国际金融中心，散发出迷人的光晕和色彩。埃克莱斯脸上露出平和淡定的神色，边欣赏着街上美丽的景致，边向家走去。

一切都毫无征兆的。突然，他遭到了四名歹徒的袭击。这四名歹徒看来是有备而来的，他们二话不说，对着埃克莱斯就是一顿猛烈的拳打脚踢。立刻，埃克莱斯痛苦地用手捂住眼，蹲在了地上。一个年届80岁的老人了，哪里经得起这四个壮汉的拳打脚踢？他瘫倒在地，只能痛苦地呻吟。

四个歹徒见埃克莱斯已被打倒，迅速地对他进行搜身。他们将埃克莱斯口袋里的钱包和手腕上那只名贵的瑞士恒宝名表抢到后，迅速逃离了现场，消失在茫茫夜色之中。

那块被抢的世界顶级名表恒宝表价值20万英镑（约合人民币209万元）。埃克莱斯被人迅速送到医院抢救。医生看到，埃克莱斯右眼乌青，几乎肿得睁不开眼了，左边嘴角也被殴打得红肿，相貌极其丑陋。医生给他拍了照片后，就开始给他治疗。埃克莱斯住了一个多星期的医院，才逐渐恢复了健康。

出院后，埃克莱斯渐渐地忘记了伤痛。但是，唯一不能使他忘记的是那只被抢走的恒宝名表。这只表对他来说，可有纪念意义了。那是在瑞士举办的F1国际汽车拉力大奖赛中，车王的接班人阿隆索获得了瑞士站的总冠军。为了庆祝这一伟大胜利，埃克莱斯特意来到瑞士恒宝表专卖店，购买了这只十分昂贵的恒宝表，并特意在表上刻有 F1 阿隆索瑞士总冠军的字样。

现在，这只具有纪念意义的名表，却被歹徒抢走。对于埃克莱斯来说，这种伤痛，比身体上的伤痛更痛苦。那只恒宝表，总在他脑海里浮现，挥之不去，令他食不甘味。

突然，他似乎想起了什么，脸上露出一丝不易察觉的狡黠的微笑。他将自己被歹徒殴打并被抢走的那块恒宝表的情况，与生产恒宝表的瑞士总部取得了联系，并在自己被打成"熊猫眼"那张奇丑无比的照片上，写上了这样一句话："看这些人干的好事，只是为了抢一块恒宝表"。他将照片传真到了瑞士，要求就用这张被打的照片，为恒宝表做广告。

恒宝表执行董事长简·克劳德·拜弗尔看到埃克莱斯给他发来的这张照片，和他想为恒宝表做广告的创意后，不禁脱口而出道："哇，这家伙果然有胆量"。

公司董事会研究后，一致认为，埃克莱斯被打成"熊猫眼"的照片和埃克莱斯写的那句话，是一种无与伦比的广告策划和广告词，推出市场后，一定会取得意想不到的商业效果。

于是，埃克莱斯受伤后的大头照与恒宝表一起印上了广告画。拜弗尔对前来采访的路透社记者说，这款恒宝表广告，同时也传递出一种谴责一切暴力和种族歧视行为。我觉得埃克莱斯表达出一种英国式的幽默，创意效果非常好。

据悉，这款恒宝最新一季的广告，给埃克莱斯带来了滚滚财源，远远超过了那只被抢的恒宝表价格。埃克莱斯笑了，笑得很舒心、很明媚。尽管那只被打成"熊猫眼"的瘀青还没有完全消失，但埃克莱斯早已赚到了盆满钵满了，心里面溢满了甜蜜和幸福。

　　80 岁的埃克莱斯，被歹徒抢劫后，还依靠一张照片和一个广告创意，给自己赚了一个盆满钵满，所以说，幸运与不幸一般都是相伴着出现的。人和人的不同在于有的人可以从不幸中看到幸运的生机，有的人却只能沉寂在不幸中，郁郁寡欢，将不幸坚持到底。

　　坚持十年，时间看似很长，但是只要你调整好自己的心态，你就会发现并没有想象中的困难。但是，如果心态没摆正，那么困难被放大的同时，时间也会变放长。十年可以弹指一挥间，一日也同样可以如隔三秋。

　　一个人怀有一种什么样的心态，想走什么样的道路，全在于我们自己的一念之间。但是有一点是肯定的，你不停地奔向梦想，一定会离梦想越来越近的。只要你能坚持到最后，一定能成功地拥抱梦想！

　　十年后，你会过什么样的日子？这个是由你自己决定的。